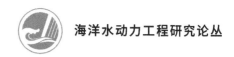

海洋水动力工程研究论丛

Global Nearshore
Wave Simulation Technology
and Applications

全球近岸工程
海浪模拟技术及工程实例

徐亚男　陈汉宝　赵　旭　张亚敬　管　宁　著

U0293952

人民交通出版社股份有限公司
China Communications Press Co.,Ltd.

内 容 提 要

本书系统地阐述了全球海浪模拟技术理论及应用,综合分析了全球海浪模拟的关键技术,提出了台风浪模拟注意事项,结合几个典型案例分析了全球不同海域海浪特征及模拟关键问题所在。

本书可供海洋及海岸工程相关专业研究人员使用,也可供在校师生学习参考。

图书在版编目(CIP)数据

全球近岸工程海浪模拟技术及工程实例／徐亚男等著. — 北京:人民交通出版社股份有限公司, 2019.7
　ISBN 978-7-114-15528-4

　Ⅰ. ①全…　Ⅱ. ①徐…　Ⅲ. ①海浪模拟　Ⅳ.
①TB24

中国版本图书馆 CIP 数据核字(2019)第 084401 号

海洋水动力工程研究论丛
书　　　名:**全球近岸工程海浪模拟技术及工程实例**
著 作 者:徐亚男　陈汉宝　赵　旭　张亚敬　管　宁
责任编辑:崔　建　陈　鹏
责任校对:张　贺
责任印制:张　凯
出版发行:人民交通出版社股份有限公司
地　　址:(100011)北京市朝阳区安定门外外馆斜街 3 号
网　　址:http://www.ccpress.com.cn
销售电话:(010)59757973
总 经 销:人民交通出版社股份有限公司发行部
经　　销:各地新华书店
印　　刷:北京虎彩文化传播有限公司
开　　本:720×960　1/16
印　　张:8.5
字　　数:145 千
版　　次:2019 年 7 月　第 1 版
印　　次:2019 年 7 月　第 1 次印刷
书　　号:ISBN 978-7-114-15528-4
定　　价:42.00 元

编　委　会

前　言

随着海上丝绸之路战略的深入,涉海工程项目增多,自然条件复杂,尤其是孟加拉湾及印尼环地震带海区,海浪波高大、周期长、岸滩不稳定,摆动较为剧烈,自然条件的不确定性是实施海外涉海工程的难题。这就对工程科研提出了要求,主要体现在数据资料分析的全面性、工程海域水动力模拟的精细化及准确性。此外,涉海项目常常与航运、生态、环保等多方面需求交织在一起,因此海洋水动力的研究面临众多理论和技术上的难题。本书以近岸工程包含港口、电厂、航道等为主要研究对象,为解决陌生海域深水海浪要素难以确定的问题,建立一套全球海洋水动力要素分析平台,针对台风、旋风及飓风频发海域、提出改进后的台风及台风浪精细化模拟技术。

(1)全球海洋水动力综合性分析平台。平台研究的基础数据包含气压、风速、风向、波高、波向、周期、温度等。分析数据的来源包含全球再分析数据资料、卫星高度计资料、海洋站实测资料,工程测量海洋数据资料。对不同的海域,采用适用较好的数据,形成自动化数据分析程序。平台提供成果包括风速波浪的分频分级,极值与重现期分析结果等。给定全球海域任意一点的经纬度值,可实现直接查询该点的历史气象水文特征值的功能。

(2)非对称联合风场的构建。非对称台风场模型由气压模型、环流风速模型及移行风速模型组成。将三者结果矢量叠加可以得到完整的台风分布。其中关键的问题是确定最大风速半径,台风云墙附近

1

最大风速出现处与台风中心的径向距离被定义为最大风速半径。对于最大风速半径的确定，很多研究人员采用经验值确定，也有一些研究者采用半经验公式来确定。利用改进的藤田(Fujita)公式，模型引入环境气压半径，通过改变计算质点距离与环境气压半径的比值指数来影响最大风速半径的取值。调整正确的最大风速半径将会使结果得到改善。本书将通过对比七级风圈与十级风圈两个参量的大小来确定模拟风场的正确性。采用边界相近识别方法及均匀插值方式最终实现非对称联合风场。

（3）本书精细化海浪数值预报模式是在同化实测数据的基础上，利用SWAN模式针对不同海域采用不同参数化方案建立起大范围海域海浪传播模型。采用基于BOUSINESS方程的波浪模块，针对关键工程的近岸海域建立小范围区域的波浪数值模型，实现区域关键节点海域的海浪精细化预报模式。

本书研究成果已经在多个涉海工程项目中使用，尤其是为海上丝绸之路沿线的港口、航道及电厂工程提供了有力的技术保障。研究成果可以推广到全球任一海域，对海浪极值、重现期、长周期海浪等给出正确的评估。全球海浪水动力系统及快速精细化海浪模拟技术可以加快前期研究进度，促进工程方案正确落地，发挥工程效益。

限于著者水平，本书如有错误和不足之处，敬请读者指正。

作　者
2019 年 3 月 14 日

目　　录

1 绪 论

我国"十三五"规划中进一步推动一带一路战略的实施,其中 21 世纪海上丝绸之路重点方向:一是从中国沿海港口过南海到印度洋,并延伸至欧洲;二是过南海到南太平洋。针对上述两个方向上的重要节点,建立精细化的海浪数值预报模式,不仅可以为该重要通道的港口建设与航运安全提供技术支持,同时在我国传统港口向智慧港口与绿色港口转型的过程中,可为港口的防灾减灾与安全运营提供技术支撑。

研究组针对中国沿海 20 多个港口以及海上丝路众多沿线国家包含马来西亚,印度尼西亚、巴基斯坦等建立了精细化的波浪传播模型。以此为基础,项目组拟进一步针对全球的沿岸重要节点建立精细化的海浪数值预报模式模拟技术,主要内容包括:①全球近岸工程海洋水动力分析系统的建立;②非对称性联合台风场的改进及建立;③风浪流耦合作用下海浪精细化数值模拟技术。通过自建立联合风场及风暴潮数值模型、中尺度海浪模型及 TK-2D 小尺度海浪模型耦合实现近岸工程的精细化海浪数值模拟;④基于上述水动力分析系统与数值模拟方法开发数据层—运算层—经验解释的快速计算模式,实现区域性波浪的快速计算,推广至全球海域涉海工程的应用中。

全球近岸工程海洋水动力分析系统的建立依赖于目前国际常用的全球气象海浪长历时历史数据。目前利用多源历史数据资料,已经实现了对全球海域任意格点的气象及海浪的分频分级、极值及重现期的分析。发现不同来源的数据在不同海域的适用性是不同的。因此本书将针对多源数据提出具体评价指标,为精细化海浪快速模拟的建立提供可靠的基础数据。另外,可靠的海浪精细化数值模拟仍然要依赖于海区实测的数据资料,积累海上丝绸之路关键节点的实测气象水文数据,其来源包括全球卫星高度计(JASON-2)、全球范围内的浮标监测数据(气象、海浪、温盐)及工程附近海洋水动力的实测数据等,这也为海浪数值模式的检验和同化提供了数据基础。而精细化海浪数值模式是建立在 SWAN模式和基于 Boussinesq 方程的 TK-2D 的波浪模块基础上进行的。

基于上述背景与工作基础条件,提出建立布局于全球主要港口节点的海浪精细化数值模拟技术,本书工作任务重,涉及的关键技术较多,该技术的发展具有不可推迟性,符合国家港口发展与航运安全的需求。

(1)建立近岸海浪精细化技术,服务于国家"一带一路"海上重要港口建设。

根据"十三五"国家规划内容及第十二届全国人民代表大会中政府明确提出的目标,2016年我国将优化区域发展格局,深入推进一带一路建设。

国家战略谋求以海上重要港口为关键节点,与沿线各国开放合作共建通畅安全高效的运输通道。在国家规划的21世纪海上丝绸之路规划中连通着中国—东南亚—南亚—地中海—欧洲。规划节点包含中国福建沿海—广东沿海—中国南海—越南河内—吉隆坡—雅加达—科伦坡—加尔各答—内罗华经亚丁湾,红海过苏伊士运河—欧洲,终点为欧洲最大海港鹿特丹。分析海上丝绸之路中重要港口节点的气象水文特征,掌握针对港口节点的精细化台风浪模式技术,在推进一带一路海上战略时,能够为港口建设及安全运营提供技术支持。

国家"十三五"规划中提出百大重要项目,其中包含推进上海、天津、大连及厦门等国家航运中心的建设,提高港口智能化水平的重大专项。未来几年面临着传统港口转型智能化港口,因此建立针对港口节点的快速数据分析技术及精细化台风浪数据预报模式,将为智能港口提供可靠高效的数据支撑,为港口防灾减灾及安全运营提供技术支持。因此海浪精细化数值模拟及预报技术的发展可以为国家一带一路海上丝绸之路港口建设及安全营运提供技术支撑。

(2)为西北太平洋、印度洋及大西洋近岸城市港口的防灾减灾提供可靠科学基础条件。

中国海上丝绸之路涉及海域较大,且涉及的两个海域(西北太平洋海区及北印度洋海区)均是受台风及台风所带来的海浪灾害风暴潮灾害的高发区域。西北太平洋海域上空形成的热带气旋较世界上其他任何海区都多,年均约30个。起源于太平洋与中国南海。各个季节均有台风出现。出现的盛行期是7~10月。北印度洋平均每年有5个热带气旋生成,年际变化较大,年生成热带气旋最多为1992年的13个。即热带气旋主要源于孟加拉湾海域,而阿拉伯海海域则相对较少,受洋面温度与上空气压影响,主要集中发生于春秋季节。台风带来的灾害主要有风暴潮增水及海浪灾害,每年对沿岸城市的堤防、港口运营及人们生命财产都产生破坏影响。2015年,中国沿海台风风暴潮6次,全部造成灾害,直接经济损失72.18亿元,死亡7人;台风浪12次,经济损失0.06亿元,死亡23人。2014年,台风风暴潮5次,经济损失134.69亿元,死亡6人;台风浪11次,经济损失0.12亿元,死亡18人。2013年,台风风暴潮14次,经济损失152.4亿元;台风浪20次,经济损失6.3亿元,死亡人数121人。而孟加拉湾地区,地势地平,海岸呈喇叭口状,容易受到海水入侵,该区域港口密集,人口较多,灾害发生后生命和经济损失会较为严重,因此发展一带一路主要港口的台风浪数值模拟技术可以为联合分析太平洋、印度洋及大西洋台风灾害提供技术支撑。

1.1 研究现状

1.1.1 海洋模式的发展现状

1.1.1.1 国外海浪模式研究进展

自 19 世纪四十年代以来,对波浪数值模拟的研究迅速发展起来。Sverdrup 和 Munk 于 1947 年首次引入海浪谱的概念,对波要素和风要素的经验公式进行推导,并结合实测资料,提出了最早的海浪预报方法。Bretschneider 于 1952 年对 Sverdmp and Munk 提出的方法进行了研究与完善,使得其可以对深水海浪进行推算。Piersonetall 于 1955 年根据能量平衡方程,考虑了空间变化以及时间变化,对波浪要素的推算做了相应研究。Miles 和 Phillipsli 于 1957 年提出了波浪成长机制的相关理论,意味着第一代海浪模式的正式出现。第一代海浪模式虽然对波浪的成长和传播做了一定程度的限制,使其不会一直成长下去,会达到饱和状态,但具有明显的缺点,高估了风能输入过程中的输入能量,同时低估了非线性相互作用的影响。

在之后的 20 年里,研究人员完成了大量的试验来研究能量输入和波—波间非线性相互作用在波浪传播中的影响作用,以此对风浪成长机制做进一步了解。经过对第一代海浪模式的改进,非线性项被新的模式考虑在内,故发展为第二代海浪模式。第二代海浪模式虽然模拟精度有所提升,但当所计算的风场变化较大时,波浪场模拟效果较差,而且模式对涌浪和风浪处理能力较弱,存在一些缺陷。尽管有的研究人员对第一代海浪模式和第二代海浪模式做出调整,对某些风场的模拟能够取得不错的效果,但并不能对各种风场均进行精度较高的模拟。

随着研究人员对海浪成长传播机制的深入理解,海浪模式研究在 20 世纪末已经到达了比较成熟的阶段,第三代海浪模式 WAM 模式便应运而生。WAM 模式的控制方程采用二维波浪谱,考虑了多项实际物理过程,包括风能输入项、白帽耗散项、三波相互作用及四波相互作用。WAM 模式在计算时不仅可以在传统的笛卡尔坐标系下运算,也可在球坐标系下进行运算,网格可采用经纬度网格,对任意海域可进行波浪推算,用以模拟全球各个区域的海浪要素。第三代海浪模式除 WAM 模式外,还有最新发展的 WAVEWATCHIII 模式和 SWAN 模式。其中 WAVEWATCHIII 模式是由 Tolman H. L 基于动谱平衡方程提出的第三代海浪模式,在 WAM 的基础上发展起来的,增加了波—流相互作用,模式对风浪流传播机制做了更深入的考虑。而 SWAN 模式自从发布以来,很多学者已经采用其进行了大量的模拟研究。而 SWAN 模型自发布以来,就已经被大量地运用到波浪的模拟计算中。Ris 等利用 SWAN 模式对 Lake George 和 Haringvliet 等一些地区的风浪进行了模拟计算。之后,Gorman 等用 SWAN 模型对美国等沿海地区的风浪要素进行了推算,取得了不错的效果。

1.1.1.2 国内海浪模式研究进展

我国的海浪数值模式在新中国成立之后也慢慢地起步发展,中科院院士文圣常创立了我国海浪研究的基础,编写了两本著作——《海浪原理》和《海浪理论与计算原理》,对海浪基础理论的发展和海浪预报、后报技术的进步起到了重要的作用。文圣常教授通过研究当时流行的能量平衡法和谱方法,导出了“文氏风浪谱”,该风浪谱方法对海浪理论的发展有着重要的意义与价值。王伯民等通过对青岛波浪模拟的结果分析,叙述了风速风场数据的确定方法,讨论了气压场分布的规律,并对所推算的结果进行了验证,结果表明符合较好。隋世峰等人通过对台风预报的数值模型研究,提出了 CHGS 方法,该方法通过引入风浪传播速度与引起风浪的风速之比——平均波龄,对台风浪模拟时可描述风浪成长程度,获得了不错的模拟效果。王文质等人则在海浪数值预报研究的基础上,提出了 BSCS 方法,该方法在计算沿海地区台风浪时,得到了较为合理的结果。高全多通过耦合离散的方法,设计了一种海浪数值预报模式,将该模式应用于南海的台风浪模拟中,发现对于南海台风浪该模式有良好的模拟效果。

在我国第七个五年科技攻关计划中,文圣常院士等通过对海浪数值模式的研究,引入风浪经验公式,设计了一种混合型的新模式,推动了海浪数值模式的发展。袁业立院士等人在国外海浪模式的基础上进行了改进与创新,开发了基于 WAM 模式的海浪模式。尹宝树等提出了 YW-SWP 、海浪数值预报模型,该模型对于模拟台风过程和寒潮过程具有良好的模拟效果,同时引入了基于 WAM 模式的新型海浪模式,该模式考虑了水深变化下造成的波浪耗散作用,使得该模式对近岸地区的模拟有了更好的适用性。

随着我国海浪理论研究的深入和数值模拟手段的发展,近年来 SWAN 模式和 WAVEWATCH – Ⅲ模式等第三代海浪模式在我国海浪研究上得到了广泛的应用。齐义泉等人利用 WWIII 模式,计算出南海的波高数据,将所得到的结果与卫星数据进行对比,结果表明对南海海域有较好的适用性。胡克林等应用第三代海浪模式 SWAN,对江苏沿海海域长江口附近的台风浪进行了模拟,结果表明该模式对所模拟的地区有较好的适用性。徐福敏等人则利用 SWAN 模式对海安湾的波浪情况进行了数值模拟,得出了波高周期分布的一些规律,模拟的效果很好。赵鑫等通过对一场台风进行数值模拟研究,发现模拟的结果与实测资料符合良好,说明 SWAN 模式能够较好地模拟浙江沿海的波浪。李燕等人利用 MM5 风场资料模拟出相应风场数据,并作为结果输入 SWAN 模式的计算中,对大连沿海及黄渤海海域的波浪进行了模拟预报;李燕等人还对台风"麦莎"进行了数值模拟研究,结果表明 SWAN 模式对黄渤海海域的台风浪模拟效果很好。

1.1.2 台风计算模式发展现状

模拟台风浪演进过程主要的影响因素是台风场的模拟。有的学者基于 ECMWF或者 NCEP 提供的气象再分析数据资料进行台风浪的数值反演计算,其中 ECMWF 可以提供空间精度为 $0.75° \times 0.75°$,时间精度是 6h 的全球后报风场数据。根据前期研究,发现开源的气象数据中台风风场的后报数据估值偏小,有的学者通过改进波浪场风能项来弥补预报台风的风能损失,或是改进波浪场计算网格精度来修正估值偏小的台风场。也有研究则是基于国际上较为成熟的风场模式,如 WRF、MM5 进行台风场计算。WRF 与 MM5 能够综合考虑各种气象要素如气压、温度、湿度、云层结构等特征。

早在 20 世纪 70 年代,国外学者在台风场模拟方面做出了有益的尝试,Russell提出用随机方法来模拟台风,Batts 提出了 Batts 台风风场模型,包括一个台风风场模型和台风登陆后的衰减模型。Thompson 等采用风场模型(CE MOD-EL) 对 US Army Corps of Engineers 进行了改进,采用数值后报的方法反演了墨西哥湾历史上发生的台风个例,该模型有效提高了气压场模型对靠近台风中心处的气压环境模拟的精度。Veno Takeo 提出了台风风场由两个矢量场叠加而成,其一是相对台风对称的风场,其风矢量穿过等压线指向左方,流入角为 20°,其二是基本风场,取决于台风的移速。

台风风场的研究,就学者应用模型的目标来说,可大致分为两个方向:一是为了对台风生成发展过程中的规律进行模拟,对路径走向、风场结构、降雨量等特征进行研究的模型,是气象专业学者主要的研究方向;二是海洋学者研究应用的台风海面风场数值模型,主要为了计算各种工况、极端条件下的风速风向、波高波周期以及风浪重现期数值等。第一类模型主要完成台风的形成以及发展规律的模拟,其主要理论基础为流体动力学和热力学,模拟对象主要为台风的基特征,如流场、温度场、雨带、台风眼等,主要是对各种物理因素的研究与讨论,包括对台风形成产生影响的和对台风发展过程产生影响的因素。模型的建立主要是为了对未来台风过程的生成、走向、发展规律进行数值预报,提供理论依据和基础。该类模型虽然结构清晰完善,但如果用于计算工程区域内的风速风场资料,统计风场规律时,计算量将会非常巨大且整体结果会比较宏观、复杂,并不适用。

而第二类模型相对第一类模型来说要简单一些,而且对于工程区域的风速分析,精度也是符合要求的,一般多用于海面表面风场内的风速长分布与变化,对于各种情况的海洋工程来说非常适用。

台风表面风场模型依据基本理论方法的区别,可以分为以下四种类别:

(1)梯度风场模型

20 世纪 20 年代起,随着科学技术的飞速发展,各种分析台风域内的气压分布的理论或经验模型相继呈现出来,典型的理论模型、经验模型如藤田理论气压模型、C. P. Jelesnianski 气压模型、Myers 理论气压模型,以及 Holland 经验气压模型等,这些慢慢发展完善的气压模型可以对热带气旋中的气压分布进行较好的描述与刻画,反映了风速的梯度变化。

随着科技发展与进步,观测的方法也在不断丰富,学者们可供研究的实测数据也越来越容易获得,很多学者可以对台风风场有更深入的了解和研究,这样有的学者便提出了一些基于理论和经验的气压模型。Batts 等对这种方法进行了改进和发展,并提出了"巴茨台风风场模型"。该风场模型理论中除了包括了台风风场模型以外,也对台风的衰减规律做了研究,提出了衰减模型,并且对美国近海地区的台风数据与资料进行了大量的试验研究,为极端风速的测定提供了一个有效的模型方法。Russell 等将台风过程逐个模拟出来,其中台风的参数和数值都是随机产生的。之后通过划分不同的区域,按沿海地区受台风影响特性对美国近海海域进行分类,然后用随机抽样从模型中获取台风参数概率分布的特征参数和台风风场相关特性的方法,在相当长的一段时间里模拟大量台风案例,且台风都是随机生成的,以此得出结果来分析计算区域的台风风场特性。为了更符合实际,以考虑各种物理过程对最终结果的影响,将梯度风方程引入所用的模型中,得到了当时学者的认同,对此类模型的研究也有了长足的进展。Chester 和 Jelesnianski 等花费了十多年的时间研发出了新一代的数值预报模型 SLOSH,并应用于美国国家气象服务中心来计算近岸和内陆水域的由热带气旋引起的风暴潮活动。该模型中的风场分布经由美国国家海洋与气象管理局所管辖的飓风研究所验证,结果表明该模型对台风域内的风场分布模拟较为准确,估值合理。

上述学者研究的参数模型具有明显的优点,其计算速度快且计算过程较为简单。Sha 对影响台湾海域的几场台风进行了模拟,完成了后报数据的提取与研究,使得参数模型的水平发展到了比较成熟的地步。Phadk 等采用改进的参数模型,用三种不同的模型对飓风过程进行了模拟与研究,得出通过所建立的参数模型进行模拟,得到的风场数据具有合理性和有效性,可以作为对台风浪情况进行更为深入模拟的驱动风场。Jakobsen 和 Madsen 等在前人研究的基础上,对模型中的形状参数、最大风速和中心低压差之间的关系进行了研究,发现存在一定关联,建议在台风登陆后的模拟过程中尽量不要使用参数模型,可能会有偏差。

在国内,很多相关的学者也对参数模型和梯度风方程做了自己的修正与完善,提出了许多有建设性的改进方案,得出了一些实用的模拟方法。如章家琳等构造出非相似结构的理论气压模型,陈孔沫等人提出了适用于一般台风风场结构和气压结构的椭圆形对称气压模型。

(2)定常动力学模型

该类模型在我国应用较少,主要应用于台风业务预报和海洋工程环境的研究。段忠东等对风场模型中 Holland 气压场的形状参数分布进行了研究,搜集整理了台风年鉴中的台风数据参数,对最大风速和中心气压压差等数据进行了回归统计分析。唐晓东等利用 Shapiro 风场模型对理想直线型海岸在经历台风过程时的风场进行了研究,通过对比海面风场和陆地风场,分析了台风非对称性的影响因素。

(3)非定常动力学模型

该类模型即为人们熟知的中尺度大气数值模型。目前为止,对于模拟台风比较成熟的中尺度数值模型主要有以下几个:美国地球流体动力实验室研发的飓风模型,宾夕法尼亚大学和美国国家大气科学中心研发的非静力中小尺度模型 MM5 以及美国气象界联合开发的新中尺度预报模式和同化系统 WRF,其中 MM5 和 WRF 模式应用比较广泛,国内已经有很多学者运用 WRF 和 MM5 大气模式做了很多优秀的基础性研究工作。

(4)运动学模型

此类模型在进行模拟推算的同时,可以实时利用获取的观测风速数据对其结果进行同化与校正,其中发展比较成熟的是美国国家海洋和大气管理局国家飓风研究分部所研发的 H * Wind 模型。而在进行各种情况下的风场推算时,以上模型方法也可以互相搭配耦合使用,并取得了不错的模拟效果。

目前台风研究多在以上几种模型的基础上进行了台风的数值模拟。本次研究将在 Veno Takeo 研究的基础上提出通过改进环境气压与中心气压比值参量改进最大风速半径,引入海陆地形变化影响及背景大风场,在模拟海域中实现海域内台风场与背景风场联合的数值模拟技术,以此作为区域台风浪模拟的驱动风场。

1.2 研究总体思路

项目的研究对象以近岸工程港口、电厂、航道等为主,解决陌生海域深水海浪要素难以确定的问题,建立一套全球海洋水动力要素分析平台,针对台风、旋风及飓风频发海域,提出改进后的台风及台风浪精细化模拟技术。伴随中国"一带一路"倡议的深入实施,印度洋、太平洋、大西洋等海洋水动力特征特别是极值特性需快速深入地了解,进而准确地确定深水海洋水动力条件。中国南部(西北太平洋及南海海域)、孟加拉湾沿岸及墨西哥是受台风灾害影响较严重的区域,根据中国 2015 年灾害公报,近 5 年因强浪引起来的人员死亡人数年均约 55 人,直接经济损失年均 1.7 亿元,海岸线损毁长度约 2km。针对台风引起的台风浪灾害,目前常用的研究手段是利用台风模型及海浪模式进行模拟计算,如何更加准确地确定模拟台风及台风浪过程,需求台风及台风浪发展过程中的延迟关系,提升沿海城市的防灾减灾的能力,为本次研究的主要目标。

项目从全球海洋水动力多要素数据采集、多源海洋水动力数据同化、台风模型的改进、台风模型及背景风场的联合模拟、波浪数值模拟技术的改进等方面进行系统研究,通过国内外不同的近岸工程实践,丰富了海浪在不同海区的传播时引起的浅水变形、波浪破碎、波浪折绕规律研究。基于以上研究,提出了全球海洋水动力多要素综合分析平台。改进了台风及台风浪的数值模拟手段,重新构建了风—浪—流耦合作用下海浪精细化数学模拟技术,对国内外已完成的近岸工程海浪数值模拟成果及经验进行系统的总结,形成了全球任意海域海浪的快速精细化模拟技术。本项目采用多源数据综合分析同化、台风理论完善改进和数值模拟等手段相结合的技术路线,通过技术改进和工程实践,最终实现研究的总体目标。

研究的总体思路在技术层面和工程实践层面上具体表现为:

1.2.1 技术层面

根据目前海洋水动力研究成果最新进展,采用海洋数据科学分析手段及同化技术,形成全球海洋水动力综合性分析平台;改进台风最大风速半径计算公式,形成改进的非对称台风模拟模型,采用边界均向插值方法与 ECMWF 背景风场形成联合风场;利用基于动谱方程的 SWAN 模型与基于 Boussinesq 方程的 TK-2D 模型实现局部海域及近工程海域的海浪精细化数值模拟功能。

1)全球海洋水动力综合性分析平台

(1)多源数据评估指标。全球海浪水文数据为本次研究的基础数据包含气压、风速、风向、波高、波向、周期、温度等。目前我们已搜集了全球海域所有格点的上述要素。数据的来源包含全球再分析数据资料、卫星高度计资料、海洋站实测资料、工程测量海洋数据资料。几种不同来源的数据评估主要从以下几个方面展开：

①要素的平面分布特征与年际变化特征比较。针对在西北太平洋海域、北印度洋海域及欧洲所涉海域，选取不同来源的数据，在夏季、冬季与过渡季节代表月份，对比要素的平面分布特征，计算要素的相关系数，分析不同海域两种气象海浪数据的异同与可靠性。

②将上述资料与浮标数据、卫星数据进行误差分析比较，得到各个要素在上述研究海域的误差分布特征。为了进一步定量分析和评估几种资料的可信度，采用的统计误差量，包含平均偏差、离散指数、均方根误差。其中，离散指数越小，说明与浮标和卫星观测数据越接近。

通过上述评估方法分析不同来源气象水文数据在海上丝绸之路所涉海域的适用性，是建立自动化分析平台的先行基础分析技术。

(2)自动化数据分析平台。针对不同的海域，采用适用较好的数据，形成自动化数据分析程序，包括风速波浪的分频分级分析、极值分析与重现期分析。即给定该海域的任意一点的经纬度值，便可以实现直接查询该点的历史气象水文特征值的功能。

2)非对称联合风场的构建

非对称台风场模型由气压模型、环流风速模型及移行风速模型组成，将三者结果矢量叠加可以得到完整的台风分布。其中关键的问题是确定最大风速半径，台风云墙附近最大风速出现处与台风中心的径向距离被定义为最大风速半径。对于最大风速半径的确定，很多研究人员采用经验值确定，也有一些研究者采用半经验公式来确定。利用改进的藤田(Fujita)公式，模型引入环境气压半径，通过改变计算质点距离与环境气压半径的比值指数来影响最大风速半径的取值。调整正确的最大风速半径将会使结果得到改善。本书将通过对比七级风圈与十级风圈两个参量的大小来确定模拟风场的正确性。采用边界相近识别方法及均匀插值方式最终实现非对称联合风场。

3)采用基于动谱方程的 SWAN 模型与基于 Boussinesq 方程的 TK-2D 模型实现局部海域及近工程海域的海浪精细化数值模拟功能

模型拟采用嵌套模式实现。模型边界采用线性插值的方法实现边界连接。

初报场将采用有效波高背景场与最优插值方法同化卫星高度计波高资料,使SWAN 模式具有同化卫星高度计有效波高的能力,提高模型运行的可靠性。

本项目精细化海浪数值预报模式是在上述初始场同化实测数据的基础上,利用 SWAN 模式建立大范围海域,水平分辨率为(0.1°×0.1°)。针对关键工程的近岸海域采用基于 BOUSINESS 方程的波浪模块建立小范围区域的波浪数值模型(模型水平分辨率为4m×4m)。大范围模型将为港口区域内的模型提供边界条件,从而实现区域关键节点海域的海浪精细化预报模式。

1.2.2 工程实践

主要应用于全球范围内的深水海域及近工程海域海浪要素的模拟。针对海上丝路涉及的南中国海、北印度洋、孟加拉湾及大西洋等海域的关键节点进行工程应用。通过对自然条件的分析、不同区域条件下海浪强迫驱动的特征、模拟手段等方面进行深入研究,建立近岸海浪数值模拟的关键技术,推广至全球任意海区内,一定程度上提升了对陌生海域海浪条件的了解及海浪要素的确定,推进了一带一路战略,促进了涉海工程防灾减灾能力的提升。

2 非对称性台风风场的
计算原理及方法改进

2.1 非对称性台风风场理论模式及改进方案

2.1.1 非对称性台风风场方程

热带气旋是发生在热带洋面上空具有暖中心结构的强气旋性低压涡旋,在西太平洋和中国南海通常称为台风。作为具有破坏性的海洋天气系统,台风的涡旋半径一般为 500～1000km,高度可达 15～20km,台风结构通常具有较为对称的气压和风速分布。

本项目对于台风风场的确定,在已知的台风路径和台风要素的基础上,利用经验公式或理论模型分别对静止旋转风场和移行风场进行独立计算,将计算结果矢量叠加,得到完整的台风分布信息。在一个完整构建的台风参数模型中,包含气压分布模型、环流风速模型及移行风速模型的合理组合。

1)气压分布模型

常见的台风海面气压分布模型有 V. Bjierknes(1921)模型、高桥(Takaasni,1939)模型、藤田(Fujita,1952)模型、Myers(1954)模型、Jelesnlanski(1965)模型和 Holland 气压场模型。

V. Bjierknes 模型、高桥模型和藤田模型可用下式表示:

$$\frac{P(r) - P_0}{P_\infty - P} = 1 - \left[1 + \frac{1}{C} \left(\frac{r}{R} \right)^R \right] \tag{2.1-1}$$

式中:r——计算点与台风中心的距离;

$P(r)$——计算点处的气压;

P_∞——台风外围气压,一般取为 1013.3hPa;

P_0——台风中心气压;

R——台风最大风速半径;

C——形状参数,不同取值构成不同气压分布模型:$B = 2$、$C = 1$ 时为 V. Bj-

11

ierknes 模型;$B = 1$、$C = 1$ 时为高桥模型;$B = 2$、$C = 0.5$ 时为藤田模型。

Jelesnlanski 模型可用下式表示:

$$\begin{cases} \dfrac{P(r) - P_0}{P_\infty - P} = \dfrac{1}{4}\left(\dfrac{r}{R}\right)^3 & (0 \leqslant r < R) \\ \dfrac{P(r) - P_0}{P_\infty - P} = 1 - \dfrac{3R}{4r} & (R < r < \infty) \end{cases} \quad (2.1\text{-}2)$$

Holland 气压场模型可用下式表示:

$$\frac{P(r) - P_0}{P_\infty - P} = \exp\left[-\left(\frac{R}{r}\right)^B \right] \quad (2.1\text{-}3)$$

式中:B——气压剖面参数,是 Holland 在 1980 年通过对台风实测数据进行拟合分析得到的一类参数,Holland 建议的取值范围为 $0.5 \sim 2.5$。

Myers 模型就是 $B = 1$ 时的特例。

王喜年等(1991)采用无因次分析方法对 5 个应用较为广泛的台风域中的气压场分布公式 V. Bjierknes 模型、高桥模型、藤田模型、Myers 模型、Jelesnlanski 模型进行了比较,结果表明:当 $0 \leqslant r < 2R$ 时,藤田公式能够更好地反映台风气压变化;当 $r = 2R$ 时,藤田公式与高桥公式计算值相等;当 $r > 2R$ 时,高桥公式比其他四种方法更具代表性。因此,本项目选用了高桥公式和藤田公式嵌套来计算同一台风域中的气压场分布。

2)环流风速模型

根据气压场分布,可以通过梯度风关系计算环流风场。梯度风风速可由梯度风公式(Gradient Wind Equation)计算:

$$W_1 = \sqrt{\frac{f^2 r^2}{4} - \frac{r}{\rho_a}\frac{\partial P}{\partial r}} - \frac{ft}{2} \quad (2.1\text{-}4)$$

式中:f——科氏力参数;

ρ_a——空气密度;

r——计算点与台风中心的距离。

除梯度风速公式外,常见的还有用 Jelesnlanski 经验模型和陈孔沫经验模型来计算环流风速,表达式分别如下:

$$W_1 = V_{max}\frac{2r/R}{1 + r/R} \quad (2.1\text{-}5)$$

$$W_1 = V_{max}\frac{3(rR)^{\frac{3}{2}}}{r^3 + R^3 + (rR)^{\frac{3}{2}}} \quad (2.1\text{-}6)$$

式中：V_{max}——环流最大风速，实际计算时一般可取气象资料中提供的最大
风速。

3）移行风速模型

台风移行风速的计算一般采用经验模型，常见的经验模型有：

宫崎正卫（Miyazaki）模型：

$$\vec{W}_2 = V_x \exp\left(-\frac{\pi r}{5 \times 10^5}\right)\vec{i} + V_y \exp\left(-\frac{\pi r}{5 \times 10^5}\right)\vec{j} \tag{2.1-7}$$

Veno Takeo 上野武夫模型：

$$\vec{W}_2 = V_x \exp\left(-\frac{\pi}{4}\frac{|r-R|}{R}\right)\vec{i} + V_y \exp\left(-\frac{\pi}{4}\frac{|r-R|}{R}\right)\vec{j} \tag{2.1-8}$$

Jelesnlanski 模型：

$$\begin{cases} \vec{W}_2 = V_x \dfrac{r}{r+R}\vec{i} + V_y \dfrac{r}{r+R}\vec{j} & (0 \le r \le R) \\ \vec{W}_2 = V_x \dfrac{R}{r+R}\vec{i} + V_y \dfrac{R}{r+R}\vec{j} & (R \le r < \infty) \end{cases} \tag{2.1-9}$$

陈孔沫模型：

$$\vec{W}_2 = V_x \frac{3(rR)^{3/2}}{r^3+R^3+(rR)^{3/2}}\vec{i} + V_x \frac{3(rR)^{3/2}}{r^3+R^3+(rR)^{3/2}}\vec{j} \tag{2.1-10}$$

式中：V_x、V_y——台风中心移行风速在 x 和 y 方向的分量；

　　　r——计算点与台风中心的距离；

　　　R——台风最大风速半径。

综合上述模型，选用了高桥公式和藤田公式嵌套来计算同一台风域中的气压场分布，根据气压场分布可以通过梯度风关系计算环流风场，采用 Veno Takeo 模型计算移行风速。综合可得台风场模型：

$$W = C_1 W_1 \begin{bmatrix} -\sin(\varphi+\theta) \\ \cos(\varphi+\theta) \end{bmatrix} + C_2 \vec{W}_2 = \frac{C_1 W_1}{r}\begin{bmatrix} -(x-x_0)\sin\theta-(y-y_0)\cos\theta \\ (x-x_0)\cos\theta+(y-y_0)\sin\theta \end{bmatrix} + C_2 \vec{W}_2$$

$$\tag{2.1-11}$$

式中：C_1、C_2——修订系数，一般分别取 1.0 和 0.8；

　　　W_1、W_2——环流风速和移行风速；

　　　φ——计算点 (x,y) 和台风中心 (x_0,y_0) 的连线与 x 方向的夹角；

　　　θ——流入角，一般取 20°。

13

其中，移行风速 W_2 用 Veno Takeo(1981)的公式表示：

$$\vec{W_2} = V_x \exp\left(-\frac{\pi}{4} \frac{|r-R|}{R}\right)\vec{i} + V_y \exp\left(-\frac{\pi}{4} \frac{|r-R|}{R}\right)\vec{j} \qquad (2.1\text{-}12)$$

式中：V_x、V_y——台风移速在 x 和 y 方向的分量；

R——最大风速半径；

r——空气质点距台风中心点的距离。

若将坐标原点取在固定计算域，则台风域中的中心对称风场分布取以下形式：

当 $0 \leqslant r \leqslant 2R$ 时，

$$W_x = C_1 V_x \exp\left(-\frac{\pi}{4} \cdot \frac{|r-R|}{R}\right) - C_2 \left\{-\frac{f}{2} + \sqrt{\frac{f^2}{4} + 10^3 \frac{2\Delta P}{\rho_a R^2}\left[1 + 2\left(\frac{r}{R}\right)^2\right]^{-\frac{3}{2}}}\right\} \cdot$$

$$[(x-x_0)\sin\theta + (y-y_0)\cos\theta] \qquad (2.1\text{-}13)$$

$$W_y = C_1 V_y \exp\left(-\frac{\pi}{4} \cdot \frac{|r-R|}{R}\right) + C_2 \left\{-\frac{f}{2} + \sqrt{\frac{f^2}{4} + 10^3 \frac{2\Delta P}{\rho_a R^2}\left[1 + 2\left(\frac{r}{R}\right)^2\right]^{-\frac{3}{2}}}\right\} \cdot$$

$$[(x-x_0)\cos\theta - (y-y_0)\sin\theta] \qquad (2.1\text{-}14)$$

当 $2R < r < \infty$ 时，

$$W_x = C_1 V_x \exp\left(-\frac{\pi}{4} \cdot \frac{r-R}{R}\right) - C_2 \left[-\frac{f}{2} + \sqrt{\frac{f^2}{4} + 10^3 \frac{\Delta P}{\rho_a\left(1 + \frac{r}{R}\right)^2 Rr}}\right] \cdot$$

$$[(x-x_0)\sin\theta + (y-y_0)\cos\theta] \qquad (2.1\text{-}15)$$

$$W_y = C_1 V_y \exp\left(-\frac{\pi}{4} \cdot \frac{|r-R|}{R}\right) + C_2 \left[-\frac{f}{2} + \sqrt{\frac{f^2}{4} + 10^3 \frac{\Delta P}{\rho_a\left(1 + \frac{r}{R}\right)^2 Rr}}\right] \cdot$$

$$[(x-x_0)\cos\theta + (y-y_0)\sin\theta] \qquad (2.1\text{-}16)$$

式中：W_x、W_y——风速在 x 方向和 y 方向的分量；

ΔP——台风外围气压和中心气压的压差，$\Delta P = P_\infty - P_0$；

r——质点到台风中心的距离，$r = \sqrt{(x-x_c)^2 + (y-y_c)^2}$；

x_c、y_c——台风中心位置；

ρ_a——空气密度；

θ——流入角；

C_1、C_2——常数；

　　f——地转科氏系数。

2.1.2　方程改进方案

台风云墙附近最大风速出现处与台风中心的径向距离被定义成最大风速半径 R，R 是台风气压场、风场模型中最关键的参数之一。最大风速半径 R 的选取直接影响到风场的尺度和风速(气压)的分布，亦即影响到风场的真实性。即使一个很好的风场模式，假如 R 的值选取不当，也会造成不好的结果；反之，即使风场模式不太好，通过适当调整 R 值，也会使结果得到改善。

但是在我国由于各方面的原因，一般的气象台站台风参数实况分析并不包括最大风速半径 R，而代之以近中心最大风速和某一风速的风圈半径，因此需要寻求最大风速半径与已知变量之间的关系。

利用改进的藤田(Fujita)公式，确定最大风速半径。改进的藤田公式为：

$$P = P_\infty - (P_\infty - P_c)\left(1 + 2\frac{r^2}{R}\right)^{-\frac{1}{2}}\left(1 - \frac{r^2}{R_\infty}\right) \tag{2.1-17}$$

式中：R_∞——$P = P_\infty$ 时距台风中心的距离，即环境气压半径。

将上式对 r 求导：

$$\frac{\partial P}{\partial r}\Big|(r = R_\infty) = 2(P_\infty - P_c)R_\infty\left[1 + 2\left(\frac{R_\infty}{R}\right)^2\right]^{-\frac{1}{2}}\left(\frac{1}{R^2} + \frac{R_\infty^2}{R^2 \cdot R_\infty^2} + \frac{1}{R_\infty^2}\right)$$

$$\tag{2.1-18}$$

式中：$\partial P/\partial r|(r = R_\infty)$、$P_\infty$ 和 R_∞——可由海平面气压场资料确定；

　　　　P_c——中心气压，一般台风报文可以提供；

　　　　R——未知数，表示最大风速半径。

公式中引入了环境气压与台风中心气压的压差修正系数 α，故 R_{max} 公式为：

$$R = \frac{E\sin\beta}{kv_{max}} = \frac{\dfrac{2k_cT\alpha(p_\infty - p_c)3^{-\frac{3}{2}}}{p_\infty - \alpha(p_\infty - p_c)3^{-\frac{1}{2}}}}{kv_{max}}\frac{\tan\beta}{\sqrt{1 + \tan^2\beta}} \tag{2.1-19}$$

本书理论模型模拟采用的压差修正系数 α 为 0.75～0.85。

通过 1949—2015 年上百场台风场计算验证表明，基于上述理论所建立的风场模型是成功的，并被广泛应用于涉海工程包含核电站厂址计算中的海上气压场与风场计算。

2.2 非对称性台风模拟结果

2.2.1 区域台风场模拟结果

2.2.1.1 台风概况与测站点位

1213 号台风"启德"造成广东、广西、海南 3 省区 1 人死亡,2 人失踪,52.6
万人紧急转移。1330 号台风"海燕"以巅峰状态登陆菲律宾,登陆时中心附近最
大风速 75m/s,中心最低气压达到 890hPa,对菲律宾和我国沿海城市造成严重破
坏,在菲律宾受台风影响的死亡人数达 6100 人以上。1409 号台风"威马逊"最
大风力达 17 级,造成至少 8 人死亡,多地遭受重创。三场台风均较快的升级为
强台风级别,对沿海居民的安全造成了极大威胁。

如图 2.2-1 所示为 1213 号"启德"、1330 号"海燕"、1409 号"威马逊"的台
风路径图。可以看到,三场台风都直接影响了整个南海海域,尤其均在海南岛周
围经过,对南海北部海域、海南岛四周沿海和琼州海峡产生直接影响。

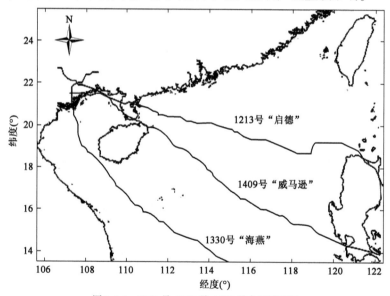

图 2.2-1   1213 号、1330 号、1409 号台风路径图

本书使用的风速测站数据来自海南岛周围的 59948 号三亚测站、59838 号
东方测站、59758 号海口测站以及位于海南岛北部沿岸的某工程测站数据(坐标
19.98N,109.82E)。利用获得的海南岛岛屿周围的测站数据,用以验证对比所

建立的理论模型风场和搜集的后报风场数据的准确性。

2.2.1.2 验证模拟结果

模拟的台风模型计算范围为 16°N～22°N, 105.3°E～112.9°E, 模型网格经度 0.08°, 共计算 7296 个格点。台风逐时的路径、气压、风速、移速数据来自浙江省水利信息管理中心主办的台风信息发布系统,对 1213 号台风"启德"模拟的起止时间为 2012 年 8 月 15 日 9 时—8 月 17 日 12 时,1330 号台风"海燕"模拟的起止时间为 2013 年 11 月 9 日 0 时—11 月 11 日 12 时。1213 号台风"启德"和 1330 号台风"海燕"均使用 59948 号三亚测站数据进行对比验证,工程资料测站数据和 59838 号东方测站数据作为补充分析。对 1409 号台风"威马逊"模拟的起止时间为 2014 年 7 月 17 日 1 时—7 月 19 日 12 时,1409 号台风"威马逊"使用工程测站数据进行对比验证,59758 号海口测站数据作为补充分析数据使用。

为保证模拟数据和实测数据的时间分辨率一致,风速结果均为每小时输出一次。为保证数据样本数量,每场台风过程均采用两个测站数据进行误差分析,使得每个序列的样本数均在 110 个以上。统计的误差量包括极值相对误差、风速平均偏差、风速均方根误差、相关系数与 STDEV(样本的标准偏差,反映了数据相对于平均值的离散程度)。公式如下所示:

$$平均偏差 = \frac{\sum (x_i - x_i')}{n} \tag{2.2-1}$$

$$RMSE = \sqrt{\frac{\sum (x_i - x_i')^2}{n}} \tag{2.2-2}$$

$$STDEV = \sqrt{\frac{n \sum x^2 - (\sum x)^2}{n(n-1)}} \tag{2.2-3}$$

三场台风过程的数据过程线对比图和散点图如图 2.2-2 ～ 图 2.2-7 所示,模型模拟值的误差分析结果如表 2.2-1 所示。

模型模拟值的误差分析结果   表 2.2-1

台风过程	样本数	极 值 对 比			平均误差	RMSE	相关系数	STDEV
		实测值（m/s）	模拟值（m/s）	相对误差				
启德	110	11.9	12.87	0.08	−0.25	2.35	0.78	3.53
海燕	117	34	37.11	0.09	0.97	3.23	0.92	7.01
威马逊	113	30.56	32.82	0.07	−0.98	4.26	0.95	8.16

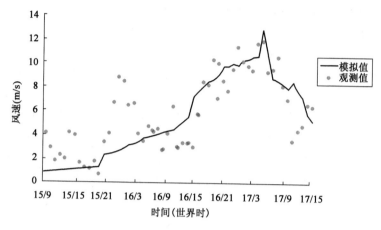

图 2.2-2　台风"启德"期间 59948 号测站数据验证图（2012 年 8 月）

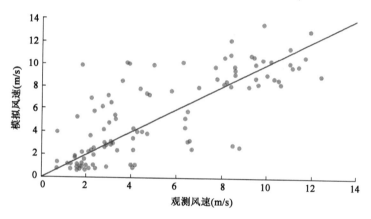

图 2.2-3　台风"启德"期间 59948 号、59838 号测站数据对比散点图（2012 年 8 月）

　　如图 2.2-2 和图 2.2-3 所示分别为台风"启德"期间模型数据与实测数据的过程线对比图和散点图。如图所示，台风"启德"的测点风速偏小，最大仅为 12m/s 左右。而模型模拟的极值风速为 12.87m/s，极值相对误差为 0.08。而由于测点实测风速值均不超过 12m/s，对一些风速的小值变化过程模拟存在偏差。

　　如图 2.2-4 和图 2.2-5 所示分别为台风"海燕"期间模型数据与实测数据的过程线对比图和散点图，其中图 2.2-4 包括了模型改进前后的结果对比。如图所示，台风"启德"的测点测得的风速值大，最大风速为 34m/s，模型模拟的极值风速为 37.11m/s，极值相对误差为 0.09。改进前的风速整体偏大，极值风速约 43.67m/s。改进后的模拟值不仅对极值风速有着良好的模拟效果，也基本反映了实测风速的变化趋势。当台风从远处接近或台风远离测点时,模型模拟值偏小。

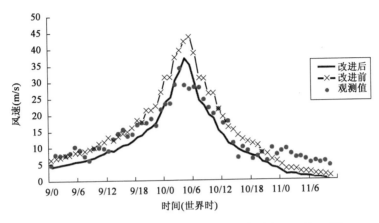

图 2.2-4　台风"海燕"期间 59948 号测站数据验证图(2013 年 11 月)

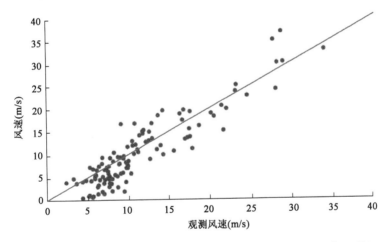

图 2.2-5　台风"海燕"期间 59948 号、工程测站数据对比散点图(2013 年 11 月)

　　如图 2.2-6 和图 2.2-7 所示分别为台风"威马逊"期间模型数据与实测数据的过程线对比图和散点图,其中图 2.2-6 包括了模型改进前后的结果对比。如图所示,台风"启德"的测点风速亦很大,最大风速为 30.56m/s,模型模拟的极值风速为 32.82m/s,极值相对误差为 0.07。改进前的风速整体偏大,极值风速约34.27 m/s,且出现了双峰值的过程线,而实测数据没有反映这个现象,说明最大风速半径值和实际并不相符。改进后的模拟值对极值风速模拟准确,基本反映出了实测风速的变化趋势,对风速大值过程模拟稍微偏大。

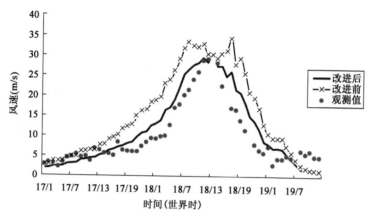

图 2.2-6　台风"威马逊"期间工程测站数据验证图(2014 年 7 月)

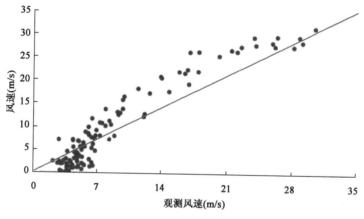

图 2.2-7　台风"威马逊"期间 59758 号、工程测站数据对比散点图

　　总的来说,由模型数据的过程线验证图和散点图可以看出,台风模型计算出的模拟值与实测数据符合良好,模拟值的过程线基本反映出了实测风速变化的趋势;模型的模拟值对风速极值模拟的准确度很好,三场台风过程的极值相对误差分别为 8.15%、9.14% 和 7.40%,均在 10% 以内。改进的理论模型风场与实测风场的相关性模拟良好,台风"海燕"和台风"威马逊"模拟值的相关系数分别为 0.92 和 0.95;而台风"启德"的模拟值相关系数为 0.78,对比其他两场台风过程的相关系数偏小,是因为台风期间位于三亚附近的 59948 号测站距离台风中心远,捕捉的风速数据值小,对实测风速的一些小值散点的具体风速值模拟不准确。当风速值小于 10m/s 时,部分散点距离等值线相对较远,但模拟值对台风过程的风速变化趋势模拟准确,模拟值的平均误差为 −0.25m/s,均方根误差为

2.35 m/s;台风"海燕"和台风"威马逊"模拟值的平均误差分别为0.97m/s和
−0.98m/s,风速值的误差均在1m/s以内,而均方根误差分别为3.23m/s和
4.26m/s,STDEV偏差为7.01m/s和8.16m/s,是由于模拟时间约为3天,包括
了台风过境的整个风速变化过程,而模拟值对台风过程中的风速小值模拟偏小,
说明理论模型风场距离台风中心远时风速偏小。

由以上结果可以得出,引入修正系数的改进理论模型对台风过程模拟效果
良好,对极值风速模拟的偏差小,而理论模型风场外围风速偏小的问题,可以通
过引入后报数据构造合成风场来优化。例如欧洲中期天气预报中心提供的
ERA-interim数据使用了分辨率更高的气象模式,并在观测资料的应用及同化方
法上有很大改进。徐亚男、高峰以ERA-interim后报风速资料为基础,统计大风
天气与飓风天气为样本进行加密计算,采用SWAN建立数值模型,计算结果与
实测结果总体趋势符合良好。采用改进的台风模拟风场与ERA-interim后报风
场建立联合风场,为南海海域台风浪的数值模拟提供准确的台风场驱动条件很
有必要。在合成之前,首先对ERA-interim数据的精度做误差分析。

2.2.2 联合风场的模拟结果

ERA-interim后报风场数据对于台风中心区域而言精度较低,但是对非台风
作用的区域精度较高,尤其对于长期观测资料的趋势刻画很好,相关程度也符合
良好。而改进的理论台风场模型对台风中心区域的风速模拟精度较高,但是对
于台风中心外区域模拟精度逐渐降低,如果仅仅将理论模型风场的结果作为台
风浪场的驱动场,那么由风速的不准确性带来的模拟将误差持续的带入台风浪
数值模型中,影响大区域范围台风浪场结果的适用性。因此利用理论模型风场
和ERA-interim后报数据风场进行合成,尤其针对两种风场的边界区域进行均化
插值处理,即在模型边界处达到风速及风向的完全拟合,最终得到背景风场及台
风场的联合驱动风场。

改进的藤田模型风场和ERA-interim后报数据风场通过权重系数 e 相结合,
用以构建新的合成风场:

$$V_c = V(1-e) + eV_{ERA} \tag{2.2-4}$$

式中:V_c——合成风场;

    V——理论模型风场;

    V_{ERA}——ERA-interim后报风场;

    e——权重系数,$e = C^4/(1+C^4)$,其中,C 为考虑台风影响范围的系数,

$C = r / nr_0$，n 一般取 9 或者 10。

由于 ERA-interim 的风场数据的空间分辨率为 $0.75° \times 0.75°$，时间分辨率为 6h 一次，为了提高风场模式的精度，首先将后报风场数据进行空间插值和时间插值，空间分辨率插值为 $0.15° \times 0.15°$，时间分辨率插值为 1h。同时由于台风数据和 ERA-interim 后报数据时区有差别，在插值前统一为 GMT 世界时间。

台风"海燕"期间理论风场模型的模拟值与合成风场的风速值的对比过程线如图 2.2-8、图 2.2-9 所示。

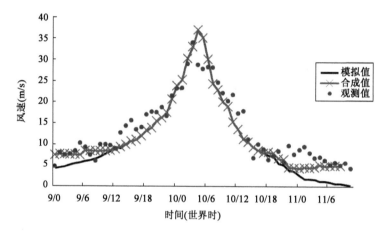

图 2.2-8　海燕合成风场、模型风场的过程线对比图

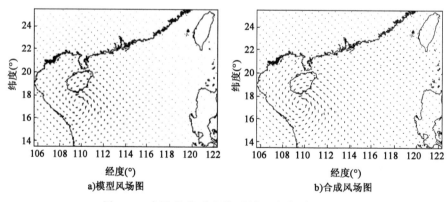

a)模型风场图　　　　　　　　　　　　b)合成风场图

图 2.2-9　台风"海燕"期间模型风场和合成风场对比图

经过对比可以发现，模型风场与合成风场在台风中心处风速大小和风场分布一致;模型风场在远离台风中心处风速较小，合成风场在远离台风中心的海面上风速有明显的提高，说明合成风场对理论模型风场远离台风中心的风速进行

了修正;而由于地形的影响,后报数据在陆地上的风速也相对较小,所以对模型风场的陆地部分修正效果不明显。

对模型模拟风速值和合成风场风速值进行误差分析与对比,结果如表2.2-2所示。可以看出,由于合成风场靠近台风中心的风场主要由模型风场决定,合成风场与模型风场在极值相对误差上没有区别,均为9%;合成风场数据的平均误差为0.39m/s,均方根误差为2.78m/s,结果低于理论模型风场的平均误差和均方根误差;合成风场数据的相关系数为0.921,相关性较模型风场稍好一些;合成风场的STDEV值为6.73m/s,离散程度也小于模型风场的离散程度。总体来说,合成风场对于台风过程的模拟效果良好,对于风速小值期间的模拟也较为准确,相对于模型风场来说,相关性更好,误差更小一些。

台风"海燕"过程两种风场的误差分析与相关性结果　　　表 2.2-2

台风过程	极 值 对 比			平均误差	RMSE	相关系数	STDEV
	实测值(m/s)	模拟极值	相对误差				
模型风场	34	37.11	0.09	0.97	3.23	0.915	7.01
合成风场	34	37.11	0.09	0.39	2.78	0.921	6.73

3 大尺度波浪模拟模型的原理

3.1 不同强迫驱动下深水海浪模拟技术

SWAN（Simulating Waves Nearshore）是由荷兰 Delft 技术大学（Delft University of Technology）研制开发的第三代近岸浅水海浪数值计算模式，经过多年的改进，已经逐渐趋于成熟。SWAN 是专为浅水海浪模拟开发的数值模式，目前已被广泛应用于水库、河口、港口工程等海浪模拟；美国海军推荐其作为用于军事目的的海浪模拟的主要模式。本项目需求之一是尽可能了解台风天气条件下海峡区域的波浪状况，为有针对性的海上活动提供海洋环境保障。故本项目选取使用 SWAN 海浪模式。

SWAN 模式采用基于能量守恒原理的平衡方程，除了考虑第三代海浪模式共有的特点，它还充分考虑了模式在浅水模拟的各种需要。首先，SWAN 模式选用了全隐式的有限差分格式，无条件稳定，使计算空间网格和时间步长上不会受到牵制；其次，在平衡方程的各源项中，除了风输入、四波相互作用、破碎和摩擦项等，还考虑了深度破碎（Depth-induced wave breaking）的作用、三波相互作用和波浪绕射作用。

在考虑有流场影响时，谱能量密度不守恒，但波作用量 $N(\sigma,\theta)$［能量密度 $E(\sigma,\theta)$ 与相对波频率 σ 之比］守恒。波作用量随时间、空间而变化，在笛卡尔坐标系下，波作用量 $N(\sigma,\theta)$ 平衡方程可表示为：

$$\frac{\partial}{\partial t}N + \frac{\partial}{\partial x}C_x N + \frac{\partial}{\partial y}C_y N + \frac{\partial}{\partial \sigma}C_\sigma N + \frac{\partial}{\partial \theta}C_\theta N = \frac{S}{\sigma} \tag{3.1-1}$$

式中：　$\frac{\partial}{\partial t}N$——$N$ 随时间的变化率；

$\frac{\partial}{\partial x}C_x N$、$\frac{\partial}{\partial y}C_y N$——$N$ 在空间 x 和 y 方向上的传播；

$\frac{\partial}{\partial \sigma}C_\sigma N$——由于流场和水深所引起的 N 在 σ 空间的变化；

$\frac{\partial}{\partial \theta}C_\theta N$——$N$ 在 θ 空间的传播，亦即水深及流场所引起的折射；

S——以谱密度表示的源汇项，包括风能输入、波与波之间非线性

24

相互作用和由于底摩擦、白浪、破碎等引起的能量损耗；

C_x、C_y、C_σ、C_θ——在 x、y、σ 和 θ 空间的波浪传播速度。

平衡方程的右端源汇项可表示为：

$$S = S_{\text{wind}(\sigma,\theta)} + S_{\text{ds}} + S_{\text{nl}} \tag{3.1-2}$$

式中：$S_{\text{wind}(\sigma,\theta)}$、$S_{\text{ds}}$、$S_{\text{nl}}$——风输入项、耗散项、非线性波—波相互作用项。

这几个源项所代表的物理机制并不是影响风浪成长演变的全部物理机制，但显然是影响波浪能量传递的主要机制。从应用角度来看，在现有的理论范围内，通过合理调整公式和参数，利用这些机制无疑能较好地描述波浪的成长演变。

3.1.1　风能输入项

风能向波浪转移的机制，是一个极其复杂的过程，目前的认识和研究仍然是粗糙和不全面的。目前的风能输入模型均是半理论半经验模型，虽说不能完整地反映风向波浪传递能量的过程，但是从模型应用角度来看，还是可信的。

有关波浪的成长机制，通常区分为空气湍动和波动共振机制所产生的线性成长和由于波和风相互作用（反馈机制）引起的指数成长。线性成长仅适用于波浪成长的初期阶段，如果波浪成长起来，指数成长很快就起主要作用。

若用 $S_{\text{wind}}(\sigma,\theta)$ 代表风对浪的作用，则风输入源函数可表示为线性增长部分和指数增长部分，即 $S_{\text{wind}}(\sigma,\theta) = A + BE(\sigma,\theta)$，其中 A 与 B 依赖于波的频率、方向以及风的大小和方向，系数 A、B 的选取直接影响着海浪的模拟结果。

SWAN 中，系数 A 采用了 Cavaleri 与 Malanotte – Rizzoli 的表达式：

$$A = \frac{1.5 \times 10^{-3}}{g^2 2\pi} \left\{ U_* \max\left[0, \cos(\theta - \theta_\text{w})\right] \right\}^4 H \tag{3.1-3}$$

式中：U_*——风的摩阻速度，为风向，为滤波因子。滤波因子的存在避免了低于 Pierson-Moskowitz 谱峰频率部分的波浪成长过快。

对于风引起的指数成长，在 SWAN 模型中有两个表达式可以选用。

第一种由 Komen(1984)等提出：

$$B = \max\left\{0, 0.25 \frac{\rho_\text{a}}{\rho_\text{w}} \left[28 \frac{U_*}{C_{\text{ph}}} \cos(\theta - \theta_\text{w}) - 1\right]\right\} \sigma \tag{3.1-4}$$

第二种基于准线性风浪理论，由 Janssen(1989,1991)提出，其表达式为：

$$B = \beta \frac{\rho_\text{a}}{\rho_\text{w}} \left(\frac{U_*}{C_{\text{ph}}}\right)^2 \max\left[0, \cos(\theta - \theta_\text{w})\right]^2 \sigma \tag{3.1-5}$$

式中：C_{ph}——相速度；

ρ_a、ρ_w——大气和海水的密度；

β——Miles 常数，可以通过无量纲临界高度来估计：

$$\beta = \frac{1.2}{\kappa^2}\lambda \ln^4\lambda \qquad (\lambda \leqslant 1) \qquad (3.1\text{-}6)$$

$$\lambda = \frac{gZ_e}{C_{ph}^2}e^r, r = \kappa C/[U_* \cos(\theta - \theta_w)] \qquad (3.1\text{-}7)$$

式中：κ——卡曼常数，一般取 0.41；

Z_e——有效海表粗糙长度，依赖于粗糙长度及由于海表波浪的存在而引起的波诱导应力和海表风引起的湍流风应力。

因此，该方案综合考虑了包含海、气边界层及海面粗糙度在内的风、浪之间的相互作用。

3.1.2　耗散项

海浪成长、消亡过程中，耗散机制起着至关重要的作用。该模式主要考虑三种耗散机制：白浪耗散（white capping）、底摩擦作用（bottom friction）及深度诱导破碎（depth-induced breaking）所引起的能量耗散。

（1）白浪耗散（$S_{ds,white}$）

风浪过程中，能量不断地从风传递到波浪，风浪持续产生、成长，波高不断增大，这一过程一直进行到波浪变得不稳定并破碎。区别于浅滩上由于水深限制引起的波浪破碎，这一过程定义为白浪破碎，白浪破碎引起的耗散在海—气交换中起着重要作用。

白浪耗散的源函数最早由 Hasselmann 提出，为了使之能应用于有限水深，WAMDI group（1988）根据波陡重新确定了白浪耗散源函数的计算公式：

$$S_{ds,white}(\sigma,\theta) = -\Gamma\, \tilde{\sigma}\frac{k}{\tilde{k}}E(\sigma,\theta) \qquad (3.1\text{-}8)$$

式中：$\tilde{\sigma}$、$\tilde{k}$——平均频率和平均波数；

Γ——与波陡相关的系数，依赖于所有波的波陡，这个波陡系数由 WAMDI group 给出，基于 Janssen 的表达式，Gunther 等提出了其表达式：

$$\Gamma = \Gamma_{KJ} = C_{ds}\left[(1+\delta) + \delta\frac{k}{\tilde{k}}\right]\left(\frac{\tilde{S}}{\tilde{S}_{PM}}\right)^P \qquad (3.1\text{-}9)$$

式中：$\tilde{S}$——总波陡；

$\tilde{S}_{PM}$——对应于 P-M 谱的值；

C_{ds}、δ、P——可调系数，可通过闭合深水中理想化波浪成长条件下的波能平衡方程得出，因此，系统 Γ 与风的输入公式有关。

对应于 Komen 风成长公式：$C_{ds} = 2.36 \times 10^{-5}$，$\delta = 0$，$P = 4$；对应于 Janssen 风成长公式：$C_{ds} = 4.1 \times 10^{-5}$，$\delta = 0.5$，$P = 4$。

关于白浪破碎的另一种表达式是累积波陡的方法，由 Alkyon 等提出，其认为由于白浪现象引起的耗散主要决定于低于某一特定频率波谱的波陡。

（2）底摩擦作用（$S_{ds,bottom}$）

由于底部摩擦引起的波能耗散的源函数形式可写为：

$$S_{ds,bottom} = -C_{bottom} \frac{\sigma^2}{g^2 \sinh^2(kd)} E(\sigma,\theta) d\sigma d\theta \qquad (3.1\text{-}10)$$

式中：C_{bottom}——底摩擦系数。

在 SWAN 中，关于这个系数的确定，底摩擦项根据 JONSWAP 的 JONSWAP 实验、Collins 的拖曳理论及 Madsen 的涡黏理论分别得到三种不同的模型。

①JONSWAP 的经验/系数。根据 JONSWAP 实验确定了，对于涌浪取为 $0.038 \text{m}^2/\text{s}^3$，浅水中充分成长的波浪取为 $0.067 \text{m}^2/\text{s}^3$。

②Collins 摩阻系数模型。根据传统的波周期公式，对随机波浪进行适当的参数修正，提出了底摩阻系数计算公式：$C_{bottom} = C_F g U_{rms}$，其中，$C_F = 0.015$，$U_{rms}$ 为底部轨迹运动均方根速度。

③Madsen 等认为底摩阻系数是底部粗糙度与实际波浪条件的函数，导出了如下的公式：$C_{bottom} = f_w g U_{rms}/\sqrt{2}$，其中，$f_w$ 为无量纲摩阻系数，采用 Jonsson 公式进行估算：

$$\frac{1}{4\sqrt{f_w}} + \lg_{10}\left(\frac{1}{4\sqrt{f_w}}\right) = m_f + \lg_{10}\left(\frac{\alpha_b}{K_N}\right) \qquad (3.1\text{-}11)$$

式中：K_N——底部粗糙度，当 $\alpha_b/K_N < 1.75$ 时，$f_w = 0.30$；

α_b——近底水质点偏移振幅。

研究人员一般根据波浪的发展状态（成长或者充分发展）、波浪类型（风浪、涌浪与混合浪）来选择模型。SWAN 中的底摩擦模式主要针对具有沙质海底的陆架区，模式中默认采用 JONSWAP 经验模型，并且取系数为 0.067。

3.1.3 深度诱导破碎

当波浪由深水向浅水传递时,水深变浅波浪发生变形并将产生破碎,这个过程对于沿岸的建筑物、港口码头、水流泥沙运动都具有很重要的影响。对于水深变化导致的波浪破碎过去知之甚少,鲜应用于波浪的模拟。但是随着波浪理论的完善,研究者意识到波浪破碎对于波浪在近岸区域的演进具有比较重要的意义。而研究破浪破碎指标成为重要的课题。目前,有三种方式来判断波浪破碎的指标:几何学指标、运动学指标、动力学指标。几何学指标物理意义比较明确,比较适合于工程中的应用,SWAN 判断波浪破碎亦是采用几何学指标。

Battjes 和 Janssen 将基于涌潮的耗散模式应用于 SWAN 中来模式化此物理过程。单位时间内,每个谱分量由于浅水波浪破碎引起的耗散的源函数形式可写为:

$$S_{ds,breaking}(\sigma,\theta) = D_{tot}\frac{E(\sigma,\theta)}{E_{tot}} \qquad (3.1\text{-}12)$$

式中:E_{tot}——总能量;

D_{tot}——波浪破碎引起的单位面积上波能耗散率,其表达式为:$D_{tot} = \dfrac{E(\sigma,\theta)}{E_{tot}} - \dfrac{1}{4}\alpha_{BJ}Q_b\left(\dfrac{\tilde{\sigma}}{2\pi}\right)H_m^2$,依赖于最大的破碎波高的确定。Battjes 和 Stive 通过对大量的实验数据及现场资料的研究,认为在浅水区域不同类型的地貌,随机波的最大破碎波高 H_m 与水深 d 的关系可表示为:$H_m = \gamma d$,其中 γ 为破碎系数。

3.1.4 非线性波—波相互作用项(S_{nl})

波浪从风中获得能量后成长,其能量又在不同频率之间再分配。因此,波—波相互作用,是海浪生成、成长的重要机制。研究发现:在深水情形,四波共振相互作用控制着海浪波谱的发展,它把一部分能量从高频转移到低频,使峰频逐渐向低频移动;在浅水中,三波相互作用起主要作用,将低频的能量向高频转换。在近岸浅水区,由于海底地形复杂多变,因此一般须考虑三波和四波之间的相互作用。四波共振相互作用的计算较为复杂,SWAN 采用 Hasselmann(1985)所提出的方案,并用 DIA(Discrete Interaction Approximation)的方法求解,而三波相互作用则根据 Eldeberky(1996)的方案获得并利用 LTA(Lumped Triad Approximation)的方法求解。

对四相波作用模拟的 DIA 方法中,在深水条件下,源项中的描述为:

$$S_{\mathrm{nl4}}(\sigma,\theta) = S_{\mathrm{nl4}}^{*}(\sigma,\theta) + S_{\mathrm{nl4}}^{**}(\sigma,\theta) \tag{3.1-13}$$

$$S_{\mathrm{nl4}}^{*}(\sigma,\theta) = 2\delta S_{\mathrm{nl4}}(\alpha_1\sigma,\theta) - \delta S_{\mathrm{nl4}}(\alpha_2\sigma,\theta) - \delta S_{\mathrm{nl4}}(\alpha_3\sigma,\theta) \tag{3.1-14}$$

式中:$S_{\mathrm{nl4}}^{*}(\sigma,\theta)$、$S_{\mathrm{nl4}}^{**}(\sigma,\theta)$——第一次和第二次相互作用,且两者的表达式相同,但是方向互为镜向;$\alpha_1 = 1$,$\alpha_2 = 1 + \lambda$,$\alpha_3 = 1 - \lambda$,λ 为常数,取 0.25。

$$\delta S_{\mathrm{nl4}}(\alpha_i\sigma,\theta) = C_{\mathrm{nl4}}(2\pi)^2 g^{-4}\left(\frac{\sigma}{2\pi}\right)^{11}\left\{ \begin{array}{l} E^2(\alpha_i\sigma,\theta)\left[\dfrac{E(\alpha_i\sigma^+,\theta)}{(1+\lambda)^4} + \dfrac{E(\alpha_i\sigma^-,\theta)}{(1+\lambda)^4}\right] \\[4mm] -2\,\dfrac{E(\alpha_i\sigma,\theta)E(\alpha_i\sigma^+,\theta)E(\alpha_i\sigma^-,\theta)}{(1+\lambda)^4} \end{array} \right\}$$
$$(i = 1,2,3) \tag{3.1-15}$$

式中,$C_{\mathrm{nl4}} = 3 \times 10^7$。在有限水深的条件下,四波相互作用的源函数表达式与深水情况下相差一个系数 R:

$$S_{\mathrm{nl4,finitedepth}} = R(k_{\mathrm{p}}d)S_{\mathrm{nl4,deepwater}} \tag{3.1-16}$$

$$R(k_{\mathrm{p}}d) = 1 + \frac{c_{\mathrm{sh1}}}{k_{\mathrm{p}}d}(1 - c_{\mathrm{sh2}}k_{\mathrm{p}}d)\exp(1 - c_{\mathrm{sh3}}k_{\mathrm{p}}d) \tag{3.1-17}$$

式中:k_{p}——依赖于 JONSWAP 谱的谱峰波的最大波数。

各个系数的设置:$c_{\mathrm{sh1}} = 5.5$,$c_{\mathrm{sh2}} = 6/7$,$c_{\mathrm{sh3}} = 1.25$。

三波—波相互作用进行计算时采用的是 DTA 方法。研究者在进行关于自由波在水下障碍物和封闭的海滩区上的破碎实验时,对此方法的适用性进行了验证。发现此方法相当成功地描述了能量从谱峰到高次谐波的转移。DTA 方法的表达式为:

$$S_{\mathrm{nl3}}^{+}(\sigma,\theta) = S_{\mathrm{nl3}}^{-}(\sigma,\theta) + S_{\mathrm{nl3}}^{+}(\sigma,\theta) \tag{3.1-18}$$

$$S_{\mathrm{nl3}}^{+}(\sigma,\theta) = \max\left\{0,\alpha_{\mathrm{EB}}2\pi cc_{\mathrm{g}}J^2|\sin\beta|\left[E^2(\sigma/2,\theta) - 2E(\sigma/2,\theta)E(\sigma,\theta)\right]\right\} \tag{3.1-19}$$

$$S_{\mathrm{nl3}}^{-}(\sigma,\theta) = 2S_{\mathrm{nl3}}^{+}(2\sigma,\theta) \tag{3.1-20}$$

$$J = \frac{k_{\sigma/2}^2(gd + C_{\sigma/2}^2)}{k_{\sigma}d\left(gd + \dfrac{2}{15}gd^3 k_{\sigma}^2 - \dfrac{2}{5}\sigma^2 d^2\right)} \tag{3.1-21}$$

$$\beta = -\frac{2}{\pi} + \frac{2}{\pi}\tanh\left(\frac{0.2}{U_{\mathrm{r}}}\right) \tag{3.1-22}$$

式中,Ursell 数表达式为 $U_{\mathrm{r}} = gH_{\mathrm{s}}\overline{T}^2/8\sqrt{2}\pi^2 d^2$,$\overline{T} = 2\pi/\overline{\sigma}$,当 $0.1 < U_{\mathrm{r}} < 10$ 时才计算;α_{EB} 为可调的比例参数。

3.2 台风浪的模拟及验证结果

3.2.1 启德台风浪的模拟分析

输入风场的准确性对于模拟台风浪的准确性至关重要,为了对风场的影响进行敏感性分析,特选取 ERA-interim 后报风场、模型风场和两者的合成风场,作为模式的输入风场,对不同的模拟结果进行分析研究。

不同输入风场的模拟对比结果如图 3.2-1 所示。由理论台风模型模拟的风速结果可以看出,对趋势模拟尚可,但波高模拟明显偏大,而波高响应也相对较慢;ERA-interim 数据,波高响应相对较快,小值模拟趋势良好,但对波高大值模拟明显失真,而合成风场模拟良好,波高响应也相对较快。

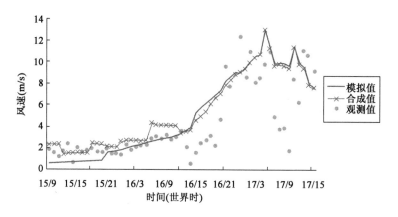

图 3.2-1 台风"启德"过程中模型风场、合成风场对比验证图

如图 3.2-2 所示,ERA-interim 模型计算出的模拟值与实测数据拟合非常不好,虽然反映出了波高变化的趋势,但极值相差过大。ERA-interim 后报数据在台风浪大值区间明显偏小,最大波高可相差 1.7m,同时刻的后报数据波高仅能达到 0.6m 左右。在波高小值阶段,ERA-interim 后报数据相比大值区域更为接近实测数据。

如图 3.2-3 所示,模型风场计算出的模拟值与实测数据拟合良好,基本反映出了波高变化的趋势。模型模拟数据在台风浪大值区间模拟,最大波高相差约 0.4m,与同时刻的后报数据相比,模型对于台风浪大值的模拟更为准确。在波高小值期间,模型模拟数据相比大值区域模拟效果不好,波高响应较慢,过了近 10h,说明模型值风场周围风速偏小,无法及时对波浪测点处的波高产生影响。

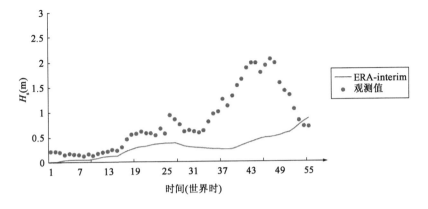

图 3.2-2　ERA-interim 后报数据模拟结果图

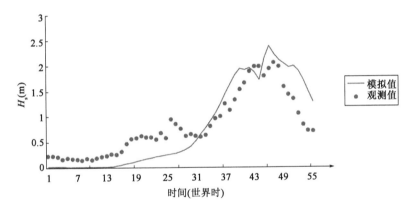

图 3.2-3　模型风场作为输入风场的模拟结果对比图

如图 3.2-4 所示,模型风场和后报数据风场构造的合成风场输入 SWAN 模式计算出的模拟值与实测数据拟合良好,反映出了波高变化的趋势,且波高响应较模型风场变快。合成风场模拟数据在台风浪大值区间模拟良好,最大波高相差约 0.2m。在波高小值阶段,模型模拟数据相比大值区域,模拟效果并不好,但波高响应变快,约 6h 后出现波高的变化,说明合成风场结合了两者的优点,模拟效果更好。

为了更严谨地说明数据的符合程度,对上述数据进行误差分析。由表 3.2-1 的误差分析也可以看出,相对于理论模型风场的模拟结果,合成风场在平均误差、大值偏差和相关系数上效果均要更好一些。

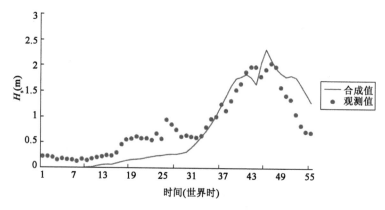

图 3.2-4 合成风场作为输入风场的模拟结果对比图

输入风场的影响结果分析   表 3.2-1

风 场 数 据	平 均 误 差	相 关 系 数	大 值 偏 差
ERA-interim	0.68	0.15	1.18
模拟值	−0.08	0.85	−0.33
合成值	0.01	0.86	−0.27

ERA-interim 后报数据的平均误差为 0.68,对比模型值和合成风场值误差来说相对较大。受小值偏小的影响,模型模拟数据的平均误差较合成风场数据值仅略微偏大,分别为 0.08m 和 0.01m;两种数据的相关系数结果相近,分别为 0.86 和 0.85;而 ERA-interim 后报数据的相关系数仅为 0.15,模拟相关性差,说明仅用后报数据对台风进行模拟误差明显,不可取;与观测数据的大值偏差上,模型模拟值与合成值相差分别为 0.33m 和 0.27m,但后报数据的大值偏差达到了1.18m,相差非常大,对台风大值模拟很差。

结果分析可知,合成风场无论在平均误差还是相关性或是大值模拟上均优于其他两种风场。故以下分析采用合成风场进行计算。

除了风场的敏感性分析以外,物理耗散过程也是影响台风浪推算的重要条件,故针对白帽破碎和水深变化破碎进行敏感性分析实验。

首先对水深变化破碎进行了敏感性分析,发现对耗散率的比例系数(alpha)进行范围讨论,模型默认值为 1.0,本书分别设置 0.7、0.8、0.9 和 1.0 四组实验,发现对实测点的模拟结果,四组数据几乎没有区别。由于实测点水深约 45m,故水深变化引起的浅水破碎的影响可以忽略。下文均采用默认参数进行计算。

其次对白帽破碎进行敏感性分析。风作用在海面上会生成波浪,而持续的风作用会使生成的波浪持续发展,发展下去的波浪有一部分会产生破碎,进而形成海面上的白帽。白帽一旦生成,很长时间都不会消失,对波浪的传播、发展、耗散均起到了一定的影响作用。与此同时,破碎的白帽在水中和产生气泡和雾状液滴相关联。研究表明:白帽在空气海洋交换中起着重要作用。

由于有上述的影响,有必要对白帽耗散作用做敏感性分析。首先,对比研究 SWAN 模式在加入白帽耗散项和不加入白帽耗散项的区别,所模拟的结果如图 3.2-5 所示。

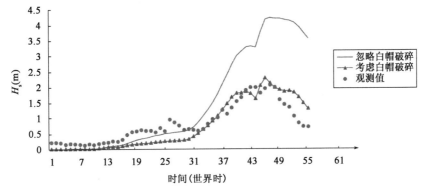

图 3.2-5 考虑白帽耗散与不考虑白帽耗散模拟结果

可以看出,若模式不考虑白帽耗散项,模拟结果差别将会非常大,完全不符合实际,故白帽破碎项必须考虑在内。

为了模拟白帽破碎物理过程,SWAN 模式发展至今也引进了多种白帽耗散公式作为计算的理论依据。下面选择最常见的三种白帽耗散公式,即 Komen 公式、Janssen 公式以及 AB 公式,讨论不同公式在南海北部的模拟适用性。不同输入项的结果模拟如图 3.2-6 所示。

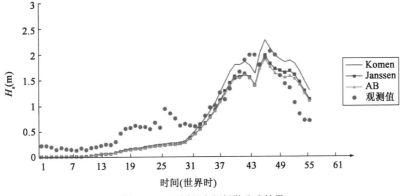

图 3.2-6 不同的白帽耗散公式结果

可以看出选取不同的白帽耗散公式对模拟结果也是有影响的,其中 Janssen 公式和 AB 公式模拟结果相近,对极值波高的模拟偏小;Komen 公式模拟的波高变化趋势更好,波高大值区间模拟也相对其他两种更好,说明 Komen 白帽耗散公式在南海北部有更好的适用性。

对 Komen 的白帽耗散率系数[cds2]进行讨论,默认为 2.36×10^{-5}。实验分别进行 1.86×10^{-5}、2.36×10^{-5}、2.86×10^{-5} 以及 3.36×10^{-5},结果如图 3.2-7 所示。

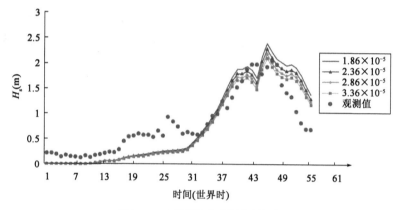

图 3.2-7　白帽耗散率系数讨论结果

对模拟结果误差分析如表 3.2-2 所示。由表中结果可知,所选用的系数越大,能量耗散越快,波高值则越小,可以得出耗散系数有影响,但是影响很小。仔细观察可以得出,当试验系数小于给定默认值时,偏大明显,当以同样的差距大于默认值,变化则并不明显,且模拟效果并不如默认系数好,所以系数仍采用默认,白帽耗散公式选择 Komen 公式,耗散率系数则采用默认值。

不用耗散系数结果的误差分析

表 3.2-2

系数值 $\times 10^{-5}$	平 均 误 差	相 关 系 数	大 值 偏 差
1.86	-0.10	0.837	1.18
2.36	-0.04	0.839	-0.71
2.86	0.01	0.840	-0.27
3.36	0.06	0.841	-0.27

3.2.2　尤特台风浪的模拟分析

台风"尤特"于 2013 年 8 月初在关岛西南部海面生成,10 日凌晨 3 时增强为台风,上午 11 时升级增强为强台风,在菲律宾奥罗拉省沿海登陆。强台风

"尤特"中心最低气压最低时仅为925hPa,是全年热带气旋中心气压最低的气旋之一。初步统计造成 2 人死亡,44 人失踪,多地暴雨侵袭,泥石流灾害频发。台风"尤特"的路径如图 3.2-8 所示。

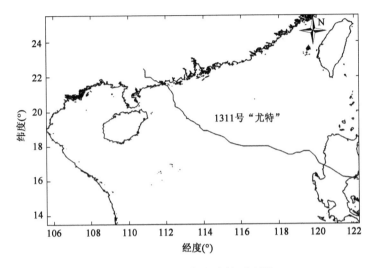

图 3.2-8 1311 号台风"尤特"路径图

台风"尤特"的理论模型风场、合成风场的验证结果如图 3.2-9 所示。可以看出模型模拟结果大值验证良好,但并没有反映出风速小值区间的趋势,相比之下合成风场的模拟更贴合实测数据,相关性也更好。

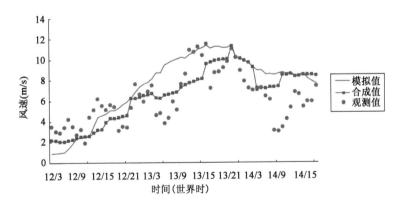

图 3.2-9 尤特合成风场、模型风场过程线对比图

模型风场计算出的模拟值与实测数据拟合比较好,基本反映出了风速变化的趋势,但模拟值大部分均偏大。模型模拟数据对风速大值模拟较好,最大风速

35

相差约 0.2m/s,但对实际风速的小值模拟效果较差,没有反映出实际风速的小值变化过程,虽说对极值风速模拟比较准确,可是势必会影响到最后台风浪模拟的数值。二合成风场在风速较小的时段,对于实测数据小值的模拟效果较好,说明通过 ERA-interim 后报风速数据的修正,使得模型风场进一步反映出了实际风速过程线复杂的变化,使得台风浪模拟更加准确。

台风"尤特"的测波点位置坐标为 20.7°N,110.73°E。分别采用台风"尤特"的后报风场、模型风场和合成风场对实测点的波高过程进行推算,与实测值对比结果如图 3.2-10 所示。

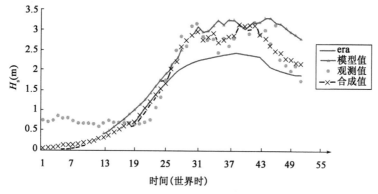

图 3.2-10　尤特合成风场、模型风场过程线对比图

由图中对比结果可以看出,后报数据风场模拟波高结果依然偏小严重,模型值模拟结果对实测波高极值模拟较准确,但部分模拟值偏大明显,而合成风场模拟值相比于其他两种风场,相关性相对更好。结论与上文一致。

由图 3.2-11 可以看出,模式不考虑白帽耗散项的情况下,模拟波高值接近 5m,远大于实测值的 3m,考虑白帽耗散则更准确一些。

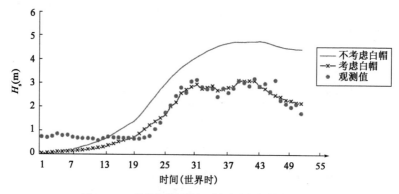

图 3.2-11　考虑白帽耗散与不考虑白帽耗散模拟结果

由图 3.2-12 可以看出选取不同的白帽耗散公式对台风"尤特"模拟结果仍然有影响,其中 Janssen 公式和 AB 公式模拟结果相近,但对波高值的模拟均偏小;Komen 公式模拟的波高变化趋势更好,波高大值区间模拟也相对其他两种更好,类似于上文结论,说明 Komen 白帽耗散公式在南海北部有更好的适用性。

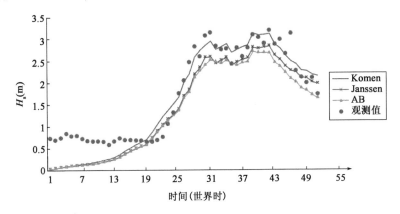

图 3.2-12 不同的白帽耗散公式结果

对 Komen 的白帽耗散率系数[cds2]不再进行讨论,采用的默认数值为 2.36×10^{-5}。

波浪模拟过程线结果如图 3.2-13 所示。

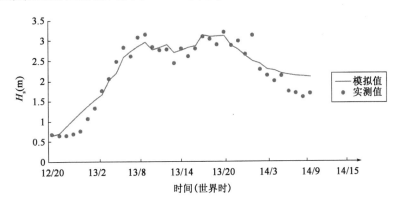

图 3.2-13 尤特波浪模拟结果过程图

由图 3.2-13 可以看出,运用上文敏感性分析得出的参数用来模拟的结果验证良好,基本反映出了波高变化趋势,SWAN 模式模拟数据在台风浪大值区间模拟较好,最大波高可相差约 0.1m。在台风"尤特"的模型模拟值最大的时刻,波浪场分布情况如图 3.2-14 所示。

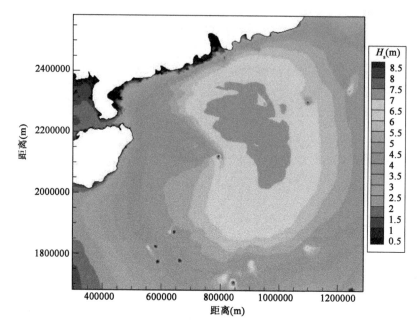

图 3.2-14　测点最大波高时刻波浪场分布图

可以看出台风"尤特"在北部南海海域普遍 3.5m 以上的大浪,其中波高比较大的波浪主要集中在台风路径的右侧,最大波高接近 7.5m。

3.2.3　彩虹台风浪模拟分析

台风"彩虹"于 2015 年 9 月底在菲律宾群岛东方生成,起初只是一个热带扰动,与 2015 年 10 月 02 日晚上 20 时成长为强热带风暴, 10 月 03 日下午 14时成长为台风,强台风彩虹于 10 月 04 日 14 时左右登陆湛江,登陆时最大风速可达 15 级,初步统计造成 6 人死亡,144 万多人受灾。台风"彩虹"的台风路径示意图如图 3.2-15 所示。

台风"彩虹"的理论模型风场、合成风场的验证结果如图 3.2-16 所示。可以看出,ERA-interim 后报数据对于风速的变化过程刻画较好,但对于大值模拟明显偏小一些。模型模拟结的极值验证良好,略微偏大一些,相比之下合成风场的模拟更贴合实测数据,相关性也更好。

如图 3.2-17 所示,可以看出,第一个风速峰值模型模拟偏小,ERA-interim后报数据模拟相比模型值更为接近,对模型值进行了修正,使得合成值反映出了一些变化趋势;第二个风速峰值模型风场计算出的模拟值与实测数据拟合良好,基本反映出了风速变化的趋势,极值风速相差约0.2m/s,但模拟值数据偏大,势必会影响到最后台风浪模拟的数值。而合成风场对第二个峰值变化过程的刻画明显更加准确,相关性更好,在风速较小的时段,对于实测数据小值的模拟效果也较好,和台风"尤特"的合成风场一样,说明台风"彩虹"风场通过了ERA-inter-im后报风速数据的修正,使得模型风场进一步反映出了实际风速过程线复杂的变化,使得台风浪模拟更加准确。

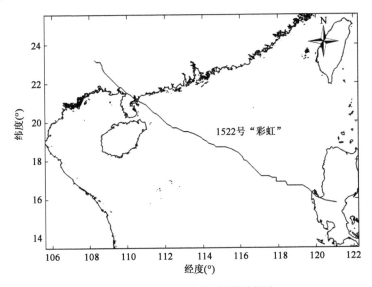

图3.2-15 1522号台风"尤特"路径图

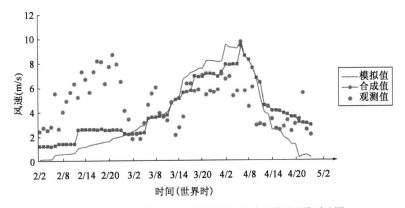

图3.2-16 台风"彩虹"风场模型模拟值和合成值过程线对比图

台风"彩虹"的测波点位置坐标为20.9°N,111.1°E,波浪模拟结果如图3.2-17所示。

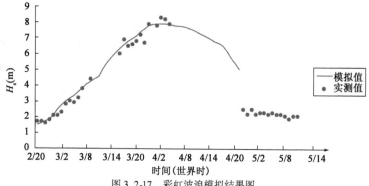

图 3.2-17　彩虹波浪模拟结果图

如图所示可以看出,运用上文敏感性分析的参数模拟的结果验证良好,虽然实测资料有部分缺测的区间,但基本反映出了波高变化趋势;有两个 8m 以上的波高大值并没有模拟出来,使得极值波高大小相差 0.5m。在 4 日 20 时之后,实测资料波高变小,模型值因为台风路径资料信息的时间跨度不够,并没有进行后续模拟。虽然部分实测资料缺测,但可以看出模拟结果能够基本反映出实测资料的走向,为缺测部分提供参考依据。

在台风"彩虹"的模型模拟值最大的时刻,波浪场分布情况如图 3.2-18 所示。

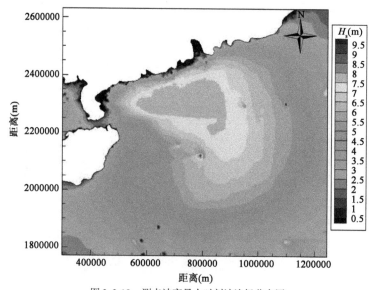

图 3.2-18　测点波高最大时刻波浪场分布图

可以看出,台风彩虹在北部南海海域产生了超过 4.5m 以上的大范围波浪,其中最大波高接近 8.5m。

4 风浪流耦合作用理论及关键技术应用

4.1 风暴潮数值模型基本理论

4.1.1 风暴潮物理过程的描述

假定在大洋的海平面上出现一个风暴,在风暴中心低压区海水将上升,海面水体的升高和气压的降低形成静压效应,即气压下降100Pa时,水位约增长1cm。同时,风暴周围的强风将以湍流切应力的作用引起表面海水形成一个与风场同样的气旋式环流。但由于地球自转所形成的Coriolis力场的作用,海流在北半球将向右偏(在南半球相反),故形成了一个表面海水的辐散。由于还有运动连续性的要求,深层海水必然来补偿,于是形成了深层海水的辐合,从而产生深层海水中的气旋式环流现象。海面受局部低气压的作用以及深层流辐聚所形成的部分海面隆起,似一个孤立波一样,随着风暴的移行而传播。在这个波形成的同时,也形成了由风暴中心向四面八方传播出去的自由长波,它们是以通常的长波速度移行的。但是,当它们传播到如大陆架上这种浅水域时,特别是风暴所携带的强迫风暴潮波爬上了大陆架浅水域,或进入边缘浅海、海湾或江河口的时候,由于水深变浅,再加上强风作用、地形的缓坡影响,能量骤然集中,风暴潮也就急剧地发展起来。风暴潮传到大陆架或者港湾中时呈现出一种特有的现象,它大致可以分为三个阶段:

第一阶段,在风暴潮到达以前,通过验潮曲线可以发现,有可能引发20～30cm的波幅的缓慢波动。这种在风暴潮来临前驱岸的波称为先兆波,先兆波可以表现为海面的微升与微降现象。虽然可以用自由长波来解释它,但是对它的发生机制还需要进一步的研究。先兆波并不是风暴潮发生时必然呈现的现象,因此试图从先兆波入手来预报风暴潮并不能时时奏效。

第二阶段,风暴潮过境时导致该区域的水位急剧上升。这个阶段是风暴潮发生的主要阶段,潮高能达到数米,称之为主振阶段,但是这个阶段历时较短,也就是数小时的量阶。

第三阶段,风暴潮过境以后,往往仍存在一系列的振动——假潮或者自由波。在港湾或者大陆架都会发现这种假潮。一般称这种事后的振动的现象为余振。这个余震最危险处在于当它与当地的天文高潮发生共振时，完全可能发生实际水位(余震曲线与潮汐预报曲线的叠加)超过该地的警戒水位，从而形成海水的漫滩。

从以上几个阶段分析，可知引起和影响风暴潮的因素是相当复杂的。在最具有实际意义的沿岸浅水域中，风应力和低压所引起的共振是导致风暴潮的主要因素，只有当水很深时，风应力与气压相比较才为小量。它们主导了风暴潮的产生和发展，控制了风暴潮的主要轮廓，确定了风暴潮的量级。但从预报角度上说，其他的次要因素也不能忽略。另外，在风暴潮问题中有人提及降雨的影响。如果降雨量足够大，并且在风暴潮之前足够长时间内就已开始降雨，那么当风暴移形较缓慢的时候，由于降雨发生的涨潮对总水位可能产生影响，对于有些模拟区域，这些因素是要考虑的，例如江河入海口地方受上游泻下的洪峰的影响，这个因素有时也是要考虑的。这对于预报那些接近警戒水位高度的"临界风暴潮"尤为重要。此外，还需要考虑的另一影响因素是波浪辐射应力，对近岸流场产生较大扰动，影响风暴潮的潮位。

4.1.2　风暴潮数值预报模型的基本控制方程

风暴潮是自然界一种非线性现象，一般是风暴潮、波浪、天文潮非线性耦合的结果。非线性的重要与否可用波幅和水深之比来衡量。当波幅与水深比值量阶为1时，非线性效应是十分明显的；当波幅远小于水深时，非线性效应是可以略去的。一般来说，在浅海区域这种非线性效应是比较明显的，本书所建立的模型适用于这种水深只有几十米的浅海水域。浅水风暴潮的问题是基于浅水动力学方程组来解决的。本书结合上述的非线性耦合效应推导了二维温带风暴潮控制方程。

浅水控制方程的推导有两种途径可以选择：第一，从三维流体动力学方程出发，引入相关假定，然后进行空间积分加以简化；第二，通过必要的假定，从有限控制体的水量与动量平衡出发进行推导。本书采用第一种方式，假定在静水条件推导得到不可压缩流体的三维流体动力学方程，沿水深方向进行平均，得到二维流动基本方程，进而得到二维风暴潮的基本控制方程。

4.1.2.1　建立静水压强假定的三维流动方程

1)连续方程的推导

质量守恒定律表明，同一流体的质量在运动过程中是保持不变的。本书首先从质量守恒定律出发来推导连续性方程。描述流体运动最普遍的形式是空间运动,在流场中截取边长为 $\mathrm{d}x$、$\mathrm{d}y$、$\mathrm{d}z$ 的微元控制体,推导得:

$$\frac{\partial(\rho v_x)}{\partial x} + \frac{\partial(\rho v_y)}{\partial x} + \frac{\partial(\rho v_{zx})}{\partial x} + \frac{\partial \rho}{\partial t} = 0 \qquad (4.1\text{-}1)$$

对于不可压缩流体 $\dfrac{\mathrm{d}\rho}{\mathrm{d}t} = 0$,上式简化为:

$$\frac{\partial(\rho v_x)}{\partial x} + \frac{\partial(\rho v_y)}{\partial x} + \frac{\partial(\rho v_{zx})}{\partial x} = 0 \qquad (4.1\text{-}2)$$

分别用 u、v、w 表示 x、y、z 的速度分量,则上式可以改写为:

$$\frac{\partial u}{\partial x} + \frac{\partial v}{\partial y} + \frac{\partial w}{\partial z} = 0 \qquad (4.1\text{-}3)$$

2)运动方程的推导

根据动量定理,$\delta F = \delta m \dfrac{\mathrm{d}V}{\mathrm{d}t}$,其中,$\delta m$ 为常数。

在描述水体受力时,δF 包括表面力 δF_{S} 和质量力 δF_{B},上式中的各项表达为:

$$\delta F_{\mathrm{B}} = \rho g \delta x \delta y \delta z$$

$$\delta F_{\mathrm{S}x} = \left(\frac{\partial \tau_{yx}}{\partial y} + \frac{\partial \tau_{zx}}{\partial z} + \frac{\sigma_{xx}}{\partial x} \right) \delta x \delta y \delta z$$

$$\delta F_{\mathrm{S}y} = \left(\frac{\partial \tau_{xy}}{\partial x} + \frac{\partial \tau_{zy}}{\partial z} + \frac{\sigma_{yy}}{\partial y} \right) \delta x \delta y \delta z$$

$$\delta F_{\mathrm{S}z} = \left(\frac{\partial \tau_{xz}}{\partial x} + \frac{\partial \tau_{yz}}{\partial y} + \frac{\sigma_{zz}}{\partial z} \right) \delta x \delta y \delta z$$

$$\frac{\mathrm{d}V}{\mathrm{d}t} = \frac{\partial V}{\partial t} + u\frac{\partial V}{\partial x} + v\frac{\partial V}{\partial y} + w\frac{\partial V}{\partial z}$$

$$\delta m = \rho \delta x \delta y \delta z$$

将以上各项代入动量定理表达式中:

$$\frac{\partial u}{\partial t} + u\frac{\partial u}{\partial x} + v\frac{\partial v}{\partial y} + w\frac{\partial w}{\partial z} = \frac{1}{\rho}\left(\frac{\partial \tau_{yx}}{\partial y} + \frac{\partial \tau_{zx}}{\partial z} + \frac{\sigma_{xx}}{\partial x} \right) \qquad (4.1\text{-}4)$$

$$\frac{\partial v}{\partial t} + u\frac{\partial v}{\partial x} + v\frac{\partial v}{\partial y} + w\frac{\partial v}{\partial z} = \frac{1}{\rho}\left(\frac{\partial \tau_{xy}}{\partial x} + \frac{\partial \tau_{zy}}{\partial z} + \frac{\sigma_{yy}}{\partial y} \right) \qquad (4.1\text{-}5)$$

$$\frac{\partial w}{\partial t} + u\frac{\partial w}{\partial x} + v\frac{\partial w}{\partial y} + w\frac{\partial w}{\partial z} = g + \frac{1}{\rho}\left(\frac{\partial \tau_{xz}}{\partial x} + \frac{\partial \tau_{yz}}{\partial y} + \frac{\sigma_{zz}}{\partial z} \right) \qquad (4.1\text{-}6)$$

4.1.2.2 沿水深平均的二维流动基本方程

假定沿水深方向的动水压强分布是符合静水压强分布规律的,那么将三维流动的基本方程沿水深积分后平均可以得到沿水深平均的二维流动的基本方程。坐标系示意图如图4.1-1所示。

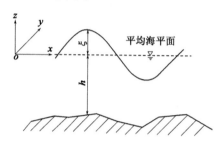

图 4.1-1　坐标系示意图

在垂向积分过程中,采用以下定义和公式:

1)定义水深

$$H = h + \xi$$

式中:H——水深;

h、ξ——某一基准面下的水底高程和自由面水位。

2)定义沿水深平均流速 $\bar{u}$ 和时均流速 u 之间的关系

$$\bar{u} = \frac{1}{H}\int_{-h}^{\xi} u\,\mathrm{d}z, \quad \bar{v} = \frac{1}{H}\int_{-h}^{\xi} v\,\mathrm{d}z$$

3)引用莱布尼兹公式

$$\int_{-h}^{\xi}\frac{\partial f(x,y,z,t)}{\partial x}\mathrm{d}z = \frac{\partial}{\partial x}\int_{-h}^{\xi}f(x,y,z,t)\mathrm{d}z - f(x,y,\xi,t)\frac{\partial \xi}{\partial x} + f(x,y,-h,t)\frac{\partial(-h)}{\partial x}$$

4)自由表面及底部运动学条件

$$w\Big|_{z=\xi} = \frac{D\,\overline{\xi}}{Dt} = \frac{\partial \xi}{\partial t} + \frac{\partial \xi}{\partial x}u\Big|_{x=\xi} + \frac{\partial \overline{\xi}}{\partial y}v\Big|_{y=\xi}$$

$$w\Big|_{z=-h} = \frac{D\,\overline{(-h)}}{Dt} = \frac{\partial\overline{(-h)}}{\partial t} + \frac{\partial(-h)}{\partial x}u\Big|_{x=(-h)} + \frac{\partial\overline{(-h)}}{\partial y}v\Big|_{y=(-h)}$$

5)沿水深平均的连续性方程

用上述定义公式对连续性方程式沿水深平均得:

$$\int_{-h}^{\xi}\left(\frac{\partial u}{\partial x} + \frac{\partial v}{\partial y} + \frac{\partial w}{\partial z}\right)\mathrm{d}z = \frac{\partial}{\partial x}\int_{-h}^{\xi}u\,\mathrm{d}z - \frac{\partial \overline{\xi}}{\partial x}u\Big|_{z=\xi} + \frac{\partial\overline{(-h)}}{\partial x}u\Big|_{z=-h} +$$

$$\frac{\partial}{\partial y}\int_{-h}^{\xi}v\mathrm{d}z - \frac{\partial\overline{\xi}}{\partial x}v\Big|_{z=\xi} + \frac{\overline{\partial(-h)}}{\partial x}v\Big|_{z=-h} + w\Big|_{z=\xi} - w\Big|_{z=\xi}$$

$$= \frac{\partial H\overline{u}}{\partial x} + \frac{\partial H\overline{v}}{\partial y} + \frac{\partial\overline{\xi}}{\partial t} - \frac{\partial(-h)}{\partial t} = 0$$

最后整理得：

$$\frac{\partial H}{\partial t} + \frac{\partial\overline{Hu}}{\partial x} + \frac{\partial\overline{Hv}}{\partial y} = 0$$

6）沿水深平均的运动方程

以 x 方向为例，水流运动方程沿水深平均为：

$$\frac{1}{H}\int_{-h}^{\xi}\frac{\partial u}{\partial t}\mathrm{d}z + \frac{1}{H}\int_{-h}^{\xi}\frac{\partial(uu)}{\partial x}\mathrm{d}z + \frac{1}{H}\int_{-h}^{\xi}\frac{\partial(uv)}{\partial y}\mathrm{d}z + \frac{1}{H}\int_{-h}^{\xi}\frac{\partial(uw)}{\partial z}\mathrm{d}z$$

$$= -\frac{1}{\rho}\frac{1}{H}\int_{-h}^{\xi}\frac{\partial p}{\partial x}\mathrm{d}z + \frac{1}{\rho}\frac{1}{H}\int_{-h}^{\xi}\left(\frac{\partial\tau_{xx}}{\partial x} + \frac{\partial\tau_{yx}}{\partial y} + \frac{\partial\tau_{zx}}{\partial z}\right)\mathrm{d}z + \frac{1}{\rho}\frac{1}{H}\int_{-h}^{\xi}\left(\frac{\partial S_{xx}}{\partial x} + \frac{\partial S_{xy}}{\partial y}\right)\mathrm{d}z$$

（1）非恒定项积分，即：

$$\int_{-h}^{\xi}\frac{\partial u}{\partial t}\mathrm{d}z = \frac{\partial}{\partial t}\int_{-h}^{\xi}u\mathrm{d}z - \frac{\partial\overline{\xi}}{\partial t}u\Big|_{z=\xi} + \frac{\overline{\partial(-h)}}{\partial x}u\Big|_{z=-h}$$

$$= \frac{\partial H\overline{u}}{\partial t} - \frac{\partial\overline{\xi}}{\partial t}u\Big|_{z=\xi} + \frac{\overline{\partial(-h)}}{\partial t}u\Big|_{z=-h}$$

（2）对流向积分：

首先将时均流速分解为 $u = \overline{u} + \Delta u$，$\Delta u$ 为时均流速与水深平均流速的差值，利用底部及自由表面运动学条件，可得：

$$\int_{-h}^{\xi}\left[\frac{\partial u}{\partial t} + \frac{\partial(uu)}{\partial x} + \frac{\partial(uv)}{\partial y}\frac{\partial(uw)}{\partial z}\right]\mathrm{d}z = \frac{\partial H\overline{u}}{\partial t} + \frac{\partial H\overline{uu}}{\partial x} + \frac{\partial H\overline{uv}}{\partial y}$$

（3）压力项积分：

$$\int_{-h}^{\xi}\frac{\partial p}{\partial x}\mathrm{d}z = \frac{\partial}{\partial x}\int_{-h}^{\xi}\overline{p}\mathrm{d}z - \frac{\partial\overline{\xi}}{\partial x}\overline{p}\Big|_{z=\xi} + \frac{\overline{\partial(-h)}}{\partial x}\overline{p}\Big|_{z=\xi}$$

$$= \rho gH\frac{\partial H}{\partial x} + \rho gH\frac{\partial(\overline{-h})}{\partial x} = \rho gH\frac{\partial\overline{\xi}}{\partial x}$$

（4）风应力项的积分：

$$\int_{-h}^{\xi}\left(\frac{\partial\tau_{xx}}{\partial x} + \frac{\partial\tau_{yx}}{\partial y} + \frac{\partial\tau_{zx}}{\partial z}\right)\mathrm{d}z = \left[\frac{\partial(H\overline{\tau_{xy}})}{\partial x} + \frac{\partial(H\overline{\tau_{yy}})}{\partial y}\right] + H(\tau_{zys} - \tau_{zyb})$$

根据谢才假设,有:

$$\tau_{zxb} = \rho g \frac{u \sqrt{u^2 + v^2}}{c^2}, \tau_{zyb} = \rho g \frac{v \sqrt{u^2 + v^2}}{c^2}$$

式中:τ_{zxb}、τ_{zyb}——水底摩阻在 x 和 y 方向的分量;

c——谢才系数,$c = \dfrac{h^{1/6}}{n}$;

n——糙率。

(5)波浪辐射应力项的积分:

$$\int_{-h}^{\xi} \left(\frac{\partial S_{xx}}{\partial x} + \frac{\partial S_{xy}}{\partial y} \right) \mathrm{d}z = \frac{\partial (HS_{xy})}{\partial x} + \frac{\partial (HS_{xy})}{\partial y}$$

式中:S_{xx}、S_{xy}——辐射应力在 x 方向上的主分量与切向分量。

4.1.2.3 风暴潮数学模型基本方程

首先假设海水是不可压缩的,并仅限于正压海洋范围内即密度为常数的海洋。采用直角坐标系作为风暴潮运动的参考系,由于模型应用的渤海湾海域水平尺度上百公里,而垂直尺度仅在 10m 量级,流速在垂直方向的变化远小于水平方向上的变化,因此一般都近似地采用沿水深方向积分取平均,在上一节中得到在风应力、波浪辐射应力作用下沿水深积分平均的平面二维风暴潮数学模型的控制方程。

在平面二维简化过程中,通常采用以下基本假定和近似。

1)均质不可压假定

海区水体受径流、盐度、温度、含沙量等影响,其密度略有变化,本书暂不考虑其密度变化,仍假定密度为常数。

2)静水压假定

在海区浅水域,垂线加速度远小于重力加速度,因此在垂向动量方程中往往忽略垂向加速度而近似采用静水压强公式。

3)Boussinesq 假定

将紊动应力类比于黏性应力,建立起紊动应力与时均流速梯度之间的如下关系式:

$$-\rho \overline{u_i' u_j'} = \mu_i \left(\frac{\partial u_i}{\partial x_j} + \frac{\partial u_j}{\partial x_i} \right)$$

由此,得到二维风暴潮数学模型的基本方程为:

$$\frac{\partial \xi}{\partial t} + \frac{\partial}{\partial x}\big[(\xi + h)u\big] + \frac{\partial}{\partial y}\big[(\xi + h)v\big] = 0 \tag{4.1-7}$$

$$\frac{\partial u}{\partial t} + u\frac{\partial u}{\partial x} + v\frac{\partial u}{\partial y} - fv + g\frac{\partial \xi}{\partial x} + \frac{gu\sqrt{u^2 + v^2}}{(\xi + h)C^2} - \frac{1}{\rho H}(\tau_{x,s} + F_x) = 0 \tag{4.1-8}$$

$$\frac{\partial v}{\partial t} + u\frac{\partial v}{\partial x} + v\frac{\partial v}{\partial y} + fu + g\frac{\partial \xi}{\partial y} + \frac{gv\sqrt{u^2 + v^2}}{(\xi + h)C^2} - \frac{1}{\rho H}(\tau_{y,s} + F_y) = 0 \tag{4.1-9}$$

式中:H——水深,$H = h + \xi$;

$\quad f$——柯氏系数;

$\quad g$——重力加速度;

$\tau_{x,s}$、$\tau_{y,s}$——x 和 y 方向的海面风应力;

$\quad F_x$、F_x——x 和 y 方向的波浪辐射应力梯度;

$\quad C$——谢才系数。

4.1.2.4 模型控制方程的离散

差分的交错网格为正方形网格,网格线分别平行于 x 轴和 y 轴,间距为 $\Delta x = \Delta y = \Delta s$,变量位置的布置如图 4.1-2 所示,"○"表示 ξ 及 C 的位置,"×"表示 h 的位置,| 表示 u 的位置,—表示 v 的位置。

为了简化下面的差分表达式,将使用的运算符号定义如下:

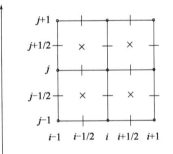

图 4.1-2 ADI 差分方法的网格示意图

$$f_{i,j}^{(k)} = F(i\Delta x, j\Delta y, k\Delta t),\ \Delta x = \Delta y = \Delta s$$

其中,$i = 0, \pm 1/2, \pm 1, \pm 3/2, \cdots; j = 0, \pm 1/2, \pm 1, \pm 3/2, \cdots; k = 0, 1/2, 1, 3/2, 2, \cdots$

$$\overline{F}_{i+1/2,j}^x = \frac{1}{2}(F_{i,j} + F_{i+1,j});$$

$$\overline{F}_{i,j+1/2}^y = \frac{1}{2}(F_{i,j} + F_{i,j+1});$$

$$F_x = F_{i,j} - F_{i-1,j}\ 在\left(i - \frac{1}{2}, j\right)点;$$

$$F_y = F_{i,j} - F_{i,j-1}\ 在\left(i, j - \frac{1}{2}\right)点;$$

$$\overline{F}_{i+1/2,j+1/2} = \frac{1}{4}(F_{i,j} + F_{i,j+1} + F_{i+1,j} + F_{i+1,j+1});$$

$$\left(\frac{\partial u}{\partial x}\right)_{i+1/2,j} = \frac{1}{2\Delta s}(u_{i+3/2,j} - u_{i-1/2,j})\,;$$

$$\left(\frac{\partial u}{\partial y}\right)_{i+1/2,j} = \frac{1}{2\Delta s}(u_{i+1/2,j+1} - u_{i+1/2,j-1})\,;$$

$$\left(\frac{\partial v}{\partial x}\right)_{i,j+1/2} = \frac{1}{2\Delta s}(v_{i+1,j+1/2} - v_{i-1,j+1/2})\,;$$

$$\left(\frac{\partial v}{\partial y}\right)_{i,j+1/2} = \frac{1}{2\Delta s}(v_{i,j+3/2} - v_{i,j-1/2})\,。$$

（1）在 $k\Delta t \to (k+1/2)\Delta t$ 时间段内：

式（4.1-7）在点 (i,j) 上对 ξ、u 隐式求解，对 v 显式求解有：

$$\xi^{(k+\frac{1}{2})} = \xi^{(k)} - \frac{1}{2}\frac{\Delta t}{\Delta s}\{[\,\bar{h}^y + \bar{\xi}^{x(k)}\,]u^{k+\frac{1}{2}}\}_x - \frac{1}{2}\frac{\Delta t}{\Delta s}\{[\,\bar{h}^x + \bar{\xi}^{y(k)}\,]v^{(k)}\}_y \quad (4.1\text{-}10)$$

式（4.1-8）在点 $\left(i+\frac{1}{2},j\right)$ 上对 ξ、u 隐式求解，对 v 显式求解有：

$$u^{(k+\frac{1}{2})} = u^{(k)} + \frac{1}{2}\Delta t f \bar{\bar{v}}^{(k)} - \frac{1}{2}\Delta t u^{(k+\frac{1}{2})}\left[\frac{\partial u^{(k)}}{\partial x}\right]_{i+\frac{1}{2},j} - \frac{1}{2}\Delta t \bar{\bar{v}}^{(k)}\left[\frac{\partial u^{(k)}}{\partial y}\right]_{i+\frac{1}{2},j} -$$

$$\frac{1}{2}\frac{\Delta t}{\Delta s}g\xi_x^{(k+\frac{1}{2})} - \frac{1}{2}\Delta t a n u^{(k)}\frac{\sqrt{[u^{(k)}]^2 + [\bar{\bar{v}}^{(k)}]^2}}{[\,\bar{h}^y + \bar{\xi}^{x(k)}\,](\overline{C^x})^2} +$$

$$\frac{1}{2}\Delta t \frac{\bar{\tau}_{(x)}^{x(k)}}{\rho[\,\bar{h}^y + \bar{\xi}^{x(k)}\,]} + \frac{1}{2}\Delta t \frac{f_{(x)}^{x(k)}}{\rho[\,\bar{h}^y + \bar{\xi}^{x(k)}\,]} \quad (4.1\text{-}11)$$

式（4.1-9）在点 $\left(i,j+\frac{1}{2}\right)$ 上对 ξ、u 隐式求解，对 v 显式求解有：

$$v^{(k+\frac{1}{2})} = v^{(k)} - \frac{1}{2}\Delta t f \bar{\bar{u}}^{(k+\frac{1}{2})} - \frac{1}{2}\Delta t \bar{\bar{u}}^{(k+\frac{1}{2})}\left[\frac{\partial v^{(k)}}{\partial x}\right]_{i,j+\frac{1}{2}} -$$

$$\frac{1}{2}\Delta t v^{(k+\frac{1}{2})}\left[\frac{\partial v^{(k)}}{\partial y}\right]_{i,j+\frac{1}{2}} - \frac{1}{2}\frac{\Delta t}{\Delta s}g\xi_y^{(k)} + \frac{1}{2}\Delta t \frac{\bar{\tau}_{(y)}^{y(k)}}{\rho[\,\bar{h}^x + \bar{\xi}^y(k+\frac{1}{2})\,]} -$$

$$\frac{1}{2}\Delta t a n v^{(k+\frac{1}{2})}\frac{\sqrt{[\bar{\bar{u}}^{(k+\frac{1}{2})}]^2 + (v^{(k)})^2}}{[\,\bar{h}^x + \bar{\xi}^y(k+\frac{1}{2})\,](\overline{C^y})^2} + \frac{1}{2}\Delta t \frac{F_{(y)}^{y(k)}}{\rho[\,\bar{h}^x + \bar{\xi}^y(k+\frac{1}{2})\,]}$$

$$(4.1\text{-}12)$$

（2）在 $(k+1/2)\Delta t \to (k+1)\Delta t$ 时间段内：

式（4.1-7）在点 (i,j) 上对 ξ、v 隐式求解，对 u 显式求解有：

$$\xi^{(k+1)} = \xi^{\left(k+\frac{1}{2}\right)} - \frac{1}{2}\frac{\Delta t}{\Delta s}[\,(\bar{h}^y + \bar{\xi}^{x\left(k+\frac{1}{2}\right)})u^{k+\frac{1}{2}}\,]_x - \frac{1}{2}\frac{\Delta t}{\Delta s}[\,(\bar{h}^x + \bar{\xi}^{y\left(k+\frac{1}{2}\right)})v^{(k+1)}\,]_y$$

$$(4.1\text{-}13)$$

式(4.1-8)在点 $\left(i, j+\frac{1}{2}\right)$ 上对 ξ、v 隐式求解,对 u 显式求解有:

$$v^{(k+1)} = v^{\left(k+\frac{1}{2}\right)} - \frac{1}{2}\Delta t f \bar{\bar{u}}^{\left(k+\frac{1}{2}\right)} - \frac{1}{2}\Delta t\,\bar{\bar{u}}^{\left(k+\frac{1}{2}\right)}\left(\frac{\partial v}{\partial x}\right)^{\left(k+\frac{1}{2}\right)}_{i,j+\frac{1}{2}} -$$

$$\frac{1}{2}\Delta t v^{(k+1)}\left(\frac{\partial v}{\partial y}\right)^{\left(k+\frac{1}{2}\right)}_{i,j+\frac{1}{2}} - \frac{1}{2}\frac{\Delta t}{\Delta s}g\xi_y^{(k+1)} + \frac{1}{2}\Delta t\,\frac{\bar{\tau}_{(y)}^{y(k+1)}}{\rho[\bar{h}^x + \bar{\xi}^y{}^{\left(k+\frac{1}{2}\right)}]} -$$

$$\frac{1}{2}\Delta t a n v^{\left(k+\frac{1}{2}\right)}\frac{\sqrt{[\bar{\bar{u}}^{\left(k+\frac{1}{2}\right)}]^2 + [\bar{v}^{\left(k+\frac{1}{2}\right)}]^2}}{[\bar{h}^x + \bar{\xi}^y{}^{\left(k+\frac{1}{2}\right)}](\bar{C}^y)^2} + \frac{1}{2}\Delta t\,\frac{F_{(y)}^{y(k+1)}}{\rho[\bar{h}^x + \bar{\xi}^y{}^{\left(k+\frac{1}{2}\right)}]}$$

$$(4.1\text{-}14)$$

式(4.1-9)在点 $\left(i+\frac{1}{2}, j\right)$ 上对 ξ、v 隐式求解,对 u 显式求解有:

$$u^{(k+1)} = u^{\left(k+\frac{1}{2}\right)} + \frac{1}{2}\Delta t f \bar{\bar{v}}^{(k+1)} - \frac{1}{2}\Delta t u^{(k+1)}\left(\frac{\partial u}{\partial x}\right)^{\left(k+\frac{1}{2}\right)}_{i+\frac{1}{2},j} -$$

$$\frac{1}{2}\Delta t\,\bar{\bar{v}}^{(k+1)}\left(\frac{\partial u}{\partial y}\right)^{\left(k+\frac{1}{2}\right)}_{i+\frac{1}{2},j} - \frac{1}{2}\Delta t a n u^{(k+1)}\frac{\sqrt{[u^{\left(k+\frac{1}{2}\right)}]^2 + [\bar{\bar{v}}^{(k+1)}]^2}}{[\bar{h}^y + \bar{\xi}^{x(k+1)}](\bar{C}^x)^2} +$$

$$\frac{1}{2}\Delta t\,\frac{\bar{\tau}_{(x)}^{x(k+1)}}{\rho[\bar{h}^y + \bar{\xi}^{x(k+1)}]} - \frac{1}{2}\frac{\Delta t}{\Delta s}g\xi_x^{\left(k+\frac{1}{2}\right)} + \frac{1}{2}\Delta t\,\frac{F_{(x)}^{x(k+1)}}{\rho[\bar{h}^y + \bar{\xi}^{x(k+1)}]} \qquad (4.1\text{-}15)$$

4.2　风浪流耦合作用实现

4.2.1　风场变化对潮流场与波浪场的影响

风场对潮流场的影响在风暴潮数值预报模型中主要体现在风应力项,通过风应力来描述风对潮流的影响。在风暴潮数值模拟中,对于风应力有不同的计算方式,王喜年基于从英国 Sea model 的 10 层大气模式中获取的气压场与风场,提出了下面的风应力计算方法。

海面风的值由 Hasse 和 Wagner 的公式计算:

$$|\vec{W}| = 0.56|\vec{W}_g| + 0.24$$

式中：W_g——由压力梯度导出的地转风。

则风应力值 $\vec{\tau} = 0.125C_D\vec{W}|\vec{W}|$，风应力拖曳系数按照以下方式取值：

$10^3C_D = 0.564$，$|\vec{W}| \leq 4.917$；

$10^3C_D = -0.12 + 0.13|\vec{W}|$，$4.917 \leq |\vec{W}| \leq 19.221$；

$10^3C_D = 2.513$，$|\vec{W}| \geq 19.221$。

在本书中，风应力的计算采用以下应用比较广泛的公式：

$$\vec{\tau} = C_D\rho_a\vec{W}|\vec{W}| \tag{4.2-1}$$

式中：ρ_a——空气密度，取为 $1.226\mathrm{kg/m^3}$；

C_D——风应力拖曳系数，按经验取为 2.6×10^{-3}；

$\vec{W}$——风速值，一般取为海面以上10m处的风速值。

风场对波浪场的影响在 SWAN 模型中的风能输入项中有所体现。

4.2.2 波浪辐射应力对潮流场的影响

波浪辐射应力最早是由 Longuet-Higgins 提出的，他将作用于单位面积水柱体的总动量流的时均值减去没有波浪作用时的静水压力定义为波浪剩余动量流，又称辐射应力。

波浪辐射应力理论在海洋领域中有着非常广泛的应用。从20世纪60年代至今，应用辐射应力理论，根据力的平衡原理，建立相应的基本波浪方程式，对以下课题进行了研究：

（1）近岸流的形成机理与数值模拟。在近岸区，当波浪场中波高发生变化时，引起辐射应力的变化，这就造成单位水体受力不平衡，从而驱动水体运动，生成近岸流。有时在海浪和地形作用下，沿波浪破碎线附近出现一系列流包，即一系列环形流。

（2）波浪增减水的研究。在波浪传播到近岸地带水深变浅，那么波高逐渐增大，辐射应力也随之增大，从而使波动水面降低，产生波浪减水；波浪破碎后，由于波能急剧消耗，波高减小，辐射应力相应减小，因而引起平均水面抬高，产生波浪增水。

（3）沿岸流流速的沿程分布研究。当波浪斜向行近海岸时，或是沿岸波高不等时，辐射应力场的变化提供驱动沿岸流的动力，根据动量守恒，建立沿岸流流速分布的计算公式。

(4)破波带内底部反向流的速度分布研究。辐射应力与波浪增水压力梯度的局部差异是形成底部反向流的原因,从质量守恒出发,导出底部反向流的速度分布计算表达式。

(5)河口海岸泥沙问题。在河口海岸地区,潮流、波浪对泥沙具有同等重要的作用,将概化波浪过程的辐射应力叠加到潮流运动方程和泥沙扩散方程中,建立包含潮流、波浪综合作用的泥沙数学模型,采用数值模拟的手段研究河口海岸泥沙运动。

在 SWAN 模型中,对于辐射应力的输出是以波浪辐射应力梯度的形式:

$$F_x = -\frac{\partial S_{xx}}{\partial x} - \frac{\partial S_{xy}}{\partial y}$$

$$F_y = -\frac{\partial S_{yy}}{\partial y} - \frac{\partial S_{yx}}{\partial x}$$

其中,对于描述波浪辐射应力的 S_{xx}、S_{yy}、S_{xy}、S_{yx},SWAN 不会输出,因此本书在推导风暴潮数值预报模型的控制方程时,对于波浪辐射应力项是以其梯度的形式描述的。

4.2.3 潮流过程对波浪场计算的影响

随着潮汐与外界海洋条件的影响,近岸地区水位与流速均随时空的变化而变化。这种变化势必会引起近岸区波浪场的变化。本书在利用 SWAN 进行波浪场计算时,通过对计算中每一时间步长上每个计算网格的节点输入实际潮流流速来考虑这种影响。因此,在波浪计算中,需要把风暴潮数值模型的潮流流速计算结果提供给 SWAN 模型。

4.2.4 风浪流耦合作用的实现

风、潮、浪耦合模型的由三个数值模型来实现:非对称联合风场模式、波浪计算模型 SWAN、风暴潮数值预报模型。非对称联合风场模式计算结果可以为波浪计算模式 SWAN 提供风驱动力,同时为风暴潮提供风应力值;风暴潮数值预报模型通过考虑风应力值后,将模型计算区域的潮流值作为输入条件代入 SWAN模型中;SWAN 考虑了海洋潮流的影响计算得到波浪辐射应力梯度,输入风暴潮数值预报模型中去;风暴潮计算模型在受风应力与波浪辐射应力耦合作用下计算得到的潮流场继续反馈给 SWAN 模式,进行双向耦合的循环计算。

4.3 风浪流耦合研究的应用

4.3.1 波浪辐射应力影响潮流场的变化

风暴潮与波浪耦合模型应用到渤海湾区域,对该区域的两次典型的风暴潮过程进行模拟。首先是利用调和分析程序计算出黄渤海海域水边界条件,然后利用风暴潮数值预报模型在黄渤海区域进行计算,从而为小的模型区域也就是渤海湾海域提供水边界条件。然后将小模型计算得到的潮流场作为波浪计算模型 SWAN 的输入条件,计算该区域的波浪要素条件,将得到的波浪辐射应力项作为输入条件代入风暴潮数值预报小模型的计算中去。具体实施过程如图 4.3-1 所示。

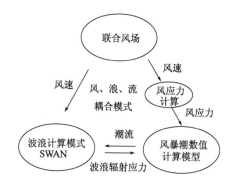

图 4.3-1 风浪流耦合作用机制示意图

风暴潮数值预报模型计算的潮流场没有考虑波浪辐射应力的影响,那么首先将风暴潮数值预报小模型计算得到的潮流场作为输入项代入 SWAN 模型中,利用 SWAN 计算模式得到各波浪要素,其中包含波浪辐射应力项。根据第 2 章所叙述的波浪辐射应力作用机理,在风暴潮数值预报模型中加入波浪辐射应力的作用。风暴潮与波浪耦合作用的模型分别计算风暴潮过程 SG1,计算得到的潮流过程如图 4.3-2 所示:SG1 过程受到波浪辐射应力作用前后的流场如图 4.3-2 所示,在第 10 小时最大的流速为 1.03m/s,相对于辐射应力作用前的潮流增速将近 0.3m/s,由于波浪辐射应力在边界处作用剧烈,使得边界处的潮流亦受到明显扰动;第 22 小时,最大流速达到 1.15m/s,受辐射应力作用后潮流流速增快,且岸边界处潮流受到扰动更加剧烈。

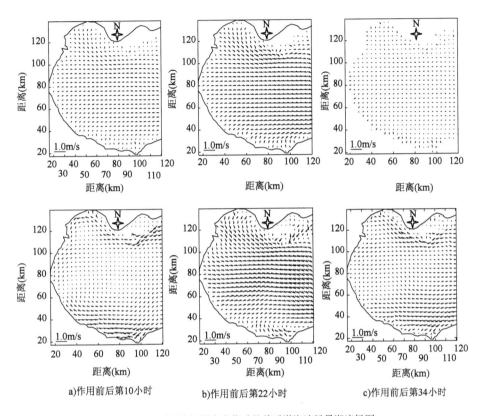

a)作用前后第10小时　　　b)作用前后第22小时　　　c)作用前后第34小时

图4.3-2　受波浪辐射应力扰动的前后渤海湾风暴潮流场图

4.3.2 受潮流场影响的波浪场

在 SWAN 的输出项中波浪辐射应力项是以梯度的形式输出的，SWAN 模拟输出了风暴潮过程 SG1 连续 72h 的有效波高与波浪辐射应力值。

如图 4.3-3 所示为受到潮流作用前后渤海湾不同时刻波浪辐射应力分布图。其中前面两图分别表示潮流场作用前第 10、第 22 辐射应力分布情况，后面两图分别表示潮流场作用后第 10、第 22 辐射应力分布情况。与潮流作用前得到的分布图相比，辐射应力在 x、y 方向的分布变化并不是很明显，渤海湾地区潮流变化对于辐射应力的影响是不明显的。

在潮流场的影响下，波浪辐射应力变化不明显，但是波高在渤海湾海域的分布发生了变化。如图 4.3-4 所示为不同时刻下受潮流影响前后渤海湾的波高分布图。与潮流场作用前的波高分布相比，受到潮流的影响波高整体抬高 0.5m 左右，这种影响在靠近海岸区域处逐渐减弱。

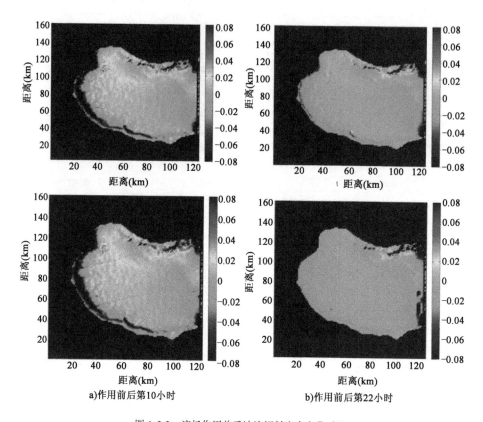

a)作用前后第10小时   b)作用前后第22小时

图4.3-3　流场作用前后波浪辐射应力变化对比

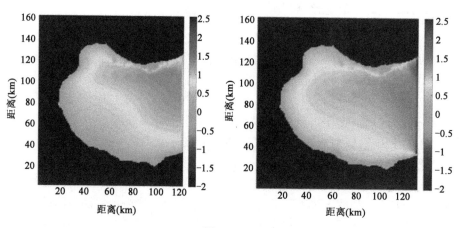

图　4.3-4

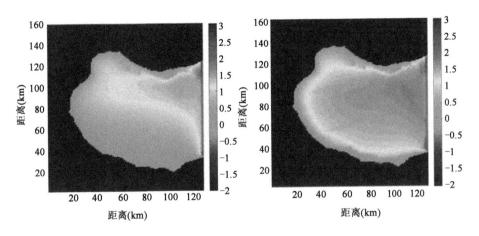

图 4.3-4 流场作用前后有效波高变化对比

4.3.3 风暴潮与波浪耦合作用的潮位变化

在前面几节中完成了风暴潮与波浪完全耦合的工作,本节给出了不同时刻全场的潮位变化情况,并将得到的风暴潮潮位与耦合作用前的风暴潮潮位做对比分析。首先,图 4.3-5 是 SG1 过程中风暴潮潮位过程曲线,从图中发现耦合模型计算最高潮位为 4.65m,而实测最高潮位为 4.74m,两曲线的相关系数为 0.95,耦合前模型计算的最高潮位为 4.47m,与实测曲线的相关系数为 0.88,因此得到了耦合模型提高了潮位计算精度的结论。风暴潮与 SWAN 耦合前后完整的数据对比如表 4.3-1 所示。通过上述的分析,发现波浪辐射应力对不同的风暴潮过程影响程度是不一样的,与风应力的分布情况有关。但是从潮流场分布的角度看,受波浪辐射应力影响潮流流速加快,尤其表现在模型的岸边界处。同时潮流场对波浪场的有效波高分布影响是明显的,而对波浪辐射应力的影响是有限的。

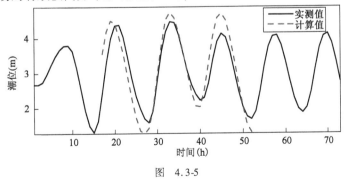

图 4.3-5

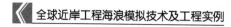

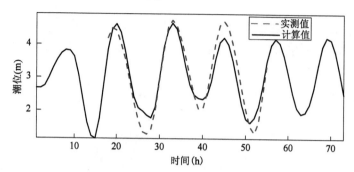

图 4.3-5 受波浪辐射应力影响前后的风暴潮潮位

模型耦合前后计算结果对比　　　　　　　　表 4.3-1

项　目	SG1	
	耦合前	耦合后
最高潮位值(m)	4.47	4.65
实测潮位极值(m)	4.74	
曲线相关系数	0.92	0.95

5 全球海洋水动力要素分析系统

5.1 海洋水动力分析系统界面介绍

全球近岸工程海浪水动力分析系统(GOHS)是基于历史在分析数据、近岸涉海工程短期实测资料及卫星资料对全球海域气象、海浪及潮流信息的分析处理软件,能够为工程研究提供长历时的气象海浪资料,近岸海浪要素及气象的分频结果、年极值结果。同时利用海洋数据的科学统计方法得到全球深水海域内的深水海浪要素结果。如图 5.1-1 所示。

图 5.1-1　全球海洋水动力分析系统(GOHS)界面

5.2 基于分析系统的丝路海域海浪特征分析

基于全球海洋水动力再分析系统,对海上丝路两洋一海及沿线关键节点附近的海浪特征进行分析。重现期 50 年最大浪高出现在受西北太平洋台风影响严重的广东沿海,重现期 50 年有效波高达 10m 以上,其次是阿拉伯海的印度西岸及越南沿海,在 8m 以上。近岸海域年均超过 1m 的天数最大在印度洋的斯里兰卡科伦坡海域附近,其次是索马里海域附近。长周期在印度洋最为明显。如图 5.2-1 ~ 图 5.2-3 所示。

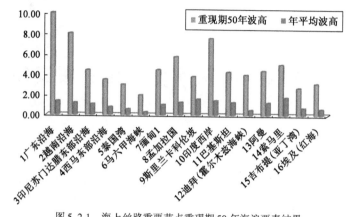

图 5.2-1　海上丝路重要节点重现期 50 年海浪要素结果

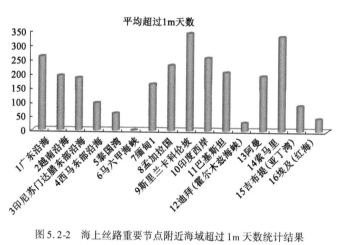

图 5.2-2　海上丝路重要节点附近海域超过 1m 天数统计结果

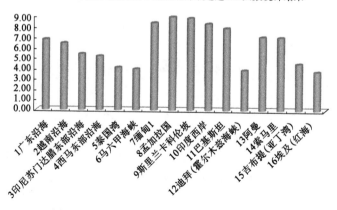

图 5.2-3　海上丝路重要节点附近海域周期特征结果

　　基于全球海洋水动力再分析系统,对海上丝路两洋一海季节变化特征进行分析。11月,受NE向季风及寒潮影响南海的有效波高在2.2m左右,其值明显大于北印度洋平均有效波高1.5m。5月为过渡季节,孟加拉湾的平均有效波高2m,阿拉伯海平均有效波高约为1.5m,两海域的平均有效波高均明显大于南海海域平均有效波高1.3m。8月,受西南季风影响阿拉伯海的平均有效波高为3.2m左右,孟加拉湾为2.3m左右;南海的平均有效波高相对较弱,为1.3m左右。11月,南海与北印度洋的平均有效波高与1月相似,南海平均有效波高2.3m,孟加拉湾与阿拉伯海平均有效波高分别为1.5m和1.2m,南海波高要大于北印度洋的波高值。11月及1月,南海海域受太平洋涌浪影响,平均周期约为8s;5月及8月受季风及台风影响,平均周期约为6s。北印度洋东岸海域尤其在苏门答腊岛及爪哇岛西岸,常年受长周期涌浪的影响,尤其在5月及8月平均周期达到12s左右。而北印度洋的西岸在冬季平均周期约为7s,夏季平均周期大于8s。南海海域受季风影响,冬季(1月,11月)海浪以偏E～偏NE向为主,过渡季节(5月)以SE向海浪为主,夏季(8月)则以SW向海浪为主。北印度洋东岸全年海浪浪向以S～WSW向为主,北印度洋西岸冬季以偏E向浪为主,夏季以S～SW向浪为主。分析海上丝路沿海港区作业损失天数分布规律,发现当作业波高标准设定为1.5m时,冬季(11月及1月)中国南海海域周边沿线作业损失天数为10～15天,阿拉伯海及孟加拉湾的东西沿岸作业损失天数均与南海沿线相比相对较少,保持在2天以内,而苏门答腊岛及爪哇岛西岸作业损失天数超过15天;过渡月(5月)台风尚未生成南海作业损失天数为1～2天,北印度洋各个区域的作业损失天数也相对较少,为2～5天;至8月南海海域受SW季风影响作业损失天数较少,但是台风在该季频发引起的更多关注,北印度洋各个海域受到SW季风的影响,作业损失天数较多,为25～30天。如图5.2-4、图5.2-5所示。

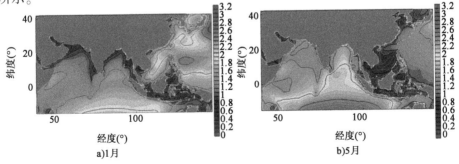

a)1月　　　　　　　　　　　　　　b)5月

图 5.2-4

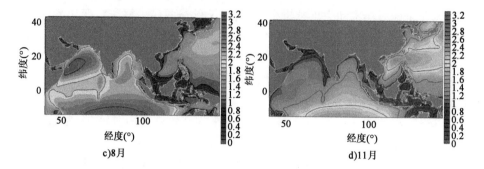

图 5.2-4　丝路海域不同月份平均有效波高分布特征

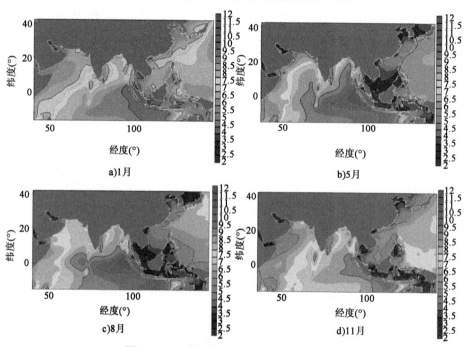

图 5.2-5　丝路海域不同月份平均周期分布特征

6 工程应用

6.1 非洲西海岸海浪特性的数值模拟研究

6.1.1 依托工程及自然条件概述

中国庆华集团准备在塞拉利昂其矿权区域的 Moa 河口附近,建设一个年吞吐量3000万t的矿石出口码头。拟建港区位置位于塞拉利昂南部省的南端,往南约15km是与利比里亚的界河 Mano 河。工程区域岸线平直,呈 SE-NW 走向,直接面向大西洋,水域开敞。

根据设计要求和研究需要,通过波浪数学模型等手段,推算工程不同位置结构物的设计波浪条件,校核码头泊稳情况,为设计提供科学根据。

6.1.2 海浪特性及模拟成果

6.1.2.1 大风个例的挑选

(1)热带气旋/飓风个例

依据美国大气海洋局所属的国家飓风中心网站(网址 http://www.nhc.noaa.gov/)所给出的大西洋飓风路径信息,挑选1990—2009年之间的热带气旋/飓风大风个例,选取过程如下:

①依据 http://www.nhc.noaa.gov 提供的飓风路径信息,确定影响塞拉利昂海域的飓风。

②根据飓风路径信息最初始的时间,往前推7天,考察这7天的 CFSR 海面风场数据,如果这7天之内存在飓风前期的气旋扰动,则认定为气旋扰动所引起的大风个例;如果不存在,但飓风初始点离工程海域较近,则确定为飓风所引起的大风个例。

最后一共挑选出29个飓风个例,具体见表6.1-1。

(2)锋面系统大风个例

根据日本气象厅 JMA 的历史再分析海面风场数据(1990—1998年,分辨率

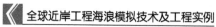

1. 25° ×1. 25°,6h 一次)和美国 NCEP 的 FNL 数据(1999—2009 年,分辨率 1. 0° ×
1. 0°,6h 一次),以及 NCEP 最新发布的 CFSR 海面 10 风场数据(1990—2009 年,分辨率 0. 3° ×0. 3°,6h 一次),提取出外海点(15°W,6°N)的风速时间序列。然后,根据最大风速的分布,在每一年针对 NW、W(WNW)、SW(WSW)、S(SSW)向 4 个方位各选出 1 ~3 个大风个例,共计 145 个大风个例,具体见表 6.1-2。

飓风大风个例(1990—2009 年) 表 6. 1-1

年份(年)	个例(起始时间:mm - dd_hh,每个个例模拟时段为 48h)
1990	0730_00;0903_00;0830_00
1991	0904_06;0901_00
1992	
1993	
1994	
1995	0825_18;0823_06
1996	0819_00;0822_18;0824_18;0814_18;0920_12
1997	
1998	0919_18;0916_06
1999	0817_06;0909_06;0814_18
2000	0919_06;0729_00;0916_06
2001	
2002	
2003	
2004	0811_00
2005	
2006	0819_12;0910_18
2007	
2008	0701_00;0831_06;0828_18
2009	0808_06;0905_18;0903_18
总计	29 个飓风个例

大风个例（1990—2009 年）　　　　　　　　　表 6.1-2

年份(年)	大风主导风向			
	NW	W	SW	S
1990	03-30_00	07-22_18	07-13_00	09-03_00
	12-05_12	08-05_18	0807_18	
1991	01-21_12	06-13_18	07-21_00	07-09_12
	02-19_18	08-19_12	07-30_12	07-16_18
			08-22_18	
1992	02-01_06	04-08_12	03-23_18	07-21_12
		05-11_00	06-03_00	
		06-01_12		
1993	03-03_06	07-20_00	07-15_12	09-02_12
	03-17_12	08-22_00	07-27_12	
1994	03-08_18	03-17_12	08-01_18	08-23_00
		04-20_18		
1995	03-16_00	03-21_18	07-26_00	07-06_12
			08-01_12	08-15_12
1996	03-12_00	04-02_06	07-30_18	08-05_06
1997	03-29_12	04-01_00	07-17_18	07-07_00
			08-01_00	
1998	03-28_00	03-25_18	07-06_12	07-22_00
		05-31_06	07-28_18	09-20_12
1999	01-12_06	04-26_06	08-14_18	08-29_00
		05-14_18	08-23_18	10-03_18
2000	04-25_06	08-28_00	07-11_06	07-16_06
		09-08_18	07-14_12	08-12_00
			07-23_18	
2001	03-27_06	07-03_06	08-14_06	06-24_06
	07-14_06	08-20_18	08-24_00	08-09_12
2002	03-26_06	05-27_00	06-09_00	08-12_18
	04-06_06	06-03_18	07-09_12	08-16_12
		08-02_12		

续上表

年份(年)	大风主导风向			
	NW	W	SW	S
2003	02-08_00	08-09_00	06-27_00	07-02_06
	02-13_00	09-04_00	07-08_18	07-25_00
			08-07_06	
2004	01-19_06	07-20_12	07-25_06	06-22_00
	02-20_18	07-26_00	07-31_12	
			08-12_06	
2005	02-23_06	05-01_06	07-19_12	07-10_00
	07-10_00	08-12_06	08-09_18	09-08_00
2006	02-10_18	08-22_12	08-24_18	07-10_18
	02-15_06	09-09_06	08-30_18	
2007	04-24_06	06-21_06	07-31_18	09-07_00
	06-07_06	08-31_18	08-06_18	
			08-11_06	
2008	03-04_12	02-21_18	08-16_06	05-30_00
		03-15_18	08-23_06	07-01_06
2009	02-04_00	04-12_06	08-07_00	07-2_706
	03-10_18	05-01_18	08-12_18	09-06_12
		06-10_12		

6.1.2.2 计算区域及时空分辨率

针对塞拉利昂海岸分布特点,利用非对称台风场及联合风场模式选取两重网格嵌套进行计算(区域 D1 与 D2,分辨率分别为 30km 与 10km),将本工程海区置于分辨率较高的中心区域(区域 D2,分辨率为 10km 的区域)。

风场模拟过程为:针对挑选的大风个例,模式逐个进行运行,风场范围为:$10°W \sim 19°W, 4°N \sim 12°N$,水平分辨率为 $0.10° \times 0.10°$。在此范围之内,将粗细分辨率区域(D1,D2)内的风场进行了融合,即在 D2 内采用 D2 的高分辨率风场,在此之外采用 D1 较粗分辨率的风场,但最终都插值到 $0.10° \times 0.10°$ 的格点上。图 6.1-1 给出了联合风场模型给出的海面风场例子。

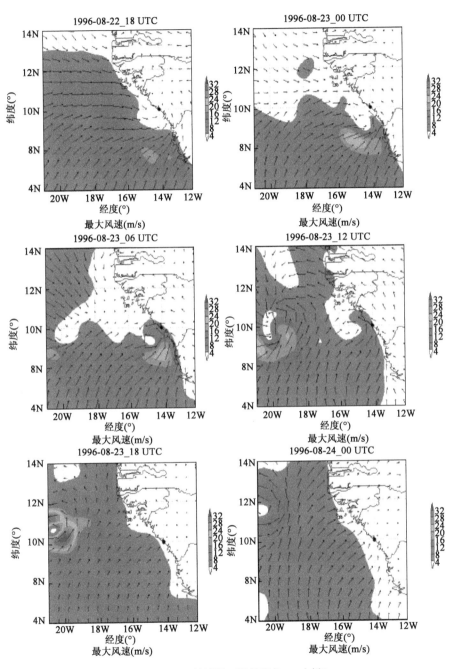

图 6.1-1 后报的海面风场演变——个例 2

6.1.2.3　风场计算结果检验

由于缺乏沿岸气象台站观测数据,海上船舶观测数据亦十分匮乏,本项目风采用QuikSCAT卫星测风数据来检验联合风场模型计算出的16场风过程。QuikSCAT卫星观测数据是目前国际上公认的、精度比较高的风场资料。但由于反演技术与条件的限制,卫星数据目前存在两个缺点:一是近岸25km内的海面风场数据无法反演出来;二是一天之内卫星观测的次数很少。

特别需要指出的是,QuikSCAT资料基于BRAGG散射原理,风速较大时海表面产生的破碎波会严重影响到后向散射截面,从而影响到大风速的反演。一般认为,风速越大时,散射计测风精度越低。

QuikSCAT卫星观测风是模式预报同化卫星反演风得到的结果,即模式与卫星观测混合风场。本项目采用的QuikSCAT卫星观测风数据时段为1999—2007年,空间分辨率为$0.5° \times 0.5°$,时间分辨率为每6h一次。逐年的结果如图6.1-2所示,结果表明,所有统计样本的均方根误差为2.32m/s,平均方向误差为18.6°。

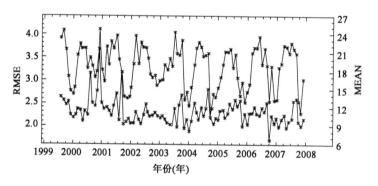

图6.1-2　后报的海面风场与QuikSCAT混合风之间的比较
RMSE-差值均方差;MEAN-平均风向误差

6.1.2.4　波浪计算区域及时空分辨率

本项目的波浪计算采用两重网格嵌套技术。大区覆盖了非洲西北部海域,可以完整地模拟大气峰面过程中的波浪变化状况;小区覆盖了塞拉利昂附近海域,利用大区模拟提供的波浪边界条件可以较好地模拟锋面过程产生的波浪。

具体的计算区域和时空分辨率见表6.1-3。

大区水深采用ETOP5全球地形数据库5′×5′的水深资料;小区水深由英国水文办公室出版发行的工程附近海域水深图上读出。大区水深和小区水深不符的地方以小区水深为准加以订正。

海浪模式嵌套区域和模式设置参数　　　　表 6.1-3

大区(第一重网格)		小区(第二重网格)	
区域范围	10°W ~ 19°W 4°N ~ 12°N	区域范围	10°25′W ~ 13°W 5°30′N ~ 7°20′N
分辨率	2′×2′	分辨率	(1/5)′×(1/5)′
计算时间步长	10min	计算时间步长	20min
输出时间步长	1h	输出时间步长	1h

大区区域大小为 8°×9°,利用 SWAN 模式进行计算,小区的波浪计算以大区的模拟结果作为边界条件,随后得到不同计算点处的波浪波高、平均周期和波向等参数。

6.1.2.5　海浪计算结果检验

本次所采用的卫星测波资料为 JASON-1 观测资料,JASON-1 于 2001 年 12 月 7 日由美国范登堡空军基地发射升空,此颗由多国联合研制的卫星的发射将继续 TOPEX/POSEIDON 全球海气观测的使命。JASON-1 重复轨道周期约为 10 天,如图 6.1-3 所示给出了 JASON-1 卫星经过工程附近近海时的卫星轨道示意图。

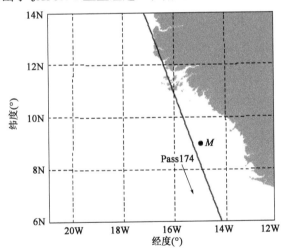

图 6.1-3　JASON-1 卫星轨道示意图(M 点为 ECMWF 数据点,15 °W,9 °N)

当卫星经过工程附近时,读取卫星轨道上的观测海浪波高,然后与轨道上的 SWAN 模式模拟结果进行比较。图 6.1-4 ~ 图 6.1-9 给出了 2002 年 7 月 9 日、2004 年 6 月 22 日、2005 年 8 月 12 日、2006 年 8 月 24 日、2007 年 8 月 6 日、2008 年 5 月 30 日 JASON-1 卫星 6 次经过工程附近时的波浪比较图,从这些图中可以看出,SWAN 模式模拟的海浪结果与卫星观测结果符合良好。

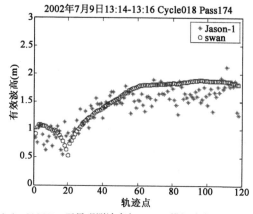

图 6.1-4　JASON-1 卫星观测波高与 SWAN 模拟波高比较（cycle203）

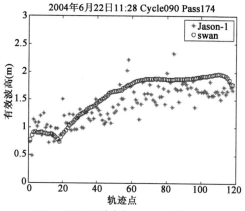

图 6.1-5　JASON-1 卫星观测波高与 SWAN 模拟波高比较（cycle204）

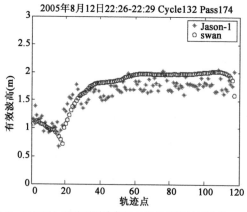

图 6.1-6　JASON-1 卫星观测波高与 SWAN 模拟波高比较（cycle205）

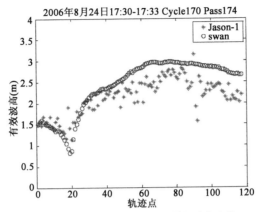

图 6.1-7　JASON-1 卫星观测波高与 SWAN 模拟波高比较（cycle206）

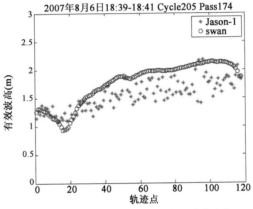

图 6.1-8　JASON-1 卫星观测波高与 SWAN 模拟波高比较（cycle207）

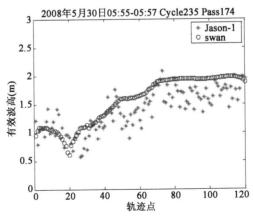

图 6.1-9　JASON-1 卫星观测波高与 SWAN 模拟波高比较（cycle208）

利用 2014 年 4 月—2014 年 5 月观测的波浪资料进行验证时,实测验证点位于 7°03.863′N,11°45.382′W。选取 2012 年 4 月、5 月测到较大的几次波浪过程,将 SWAN 模拟的结果值与实测值进行对比验证。2014 年 04 月 16 日—18 日,测到最大有效波高是 1.7m,SWAN 模拟最大的有效波高为 1.4m;2014 年 4 月 28 日—30 日,测得最大有效波高是 1.5m,SWAN 模拟最大有效波高为 1.3m;2014 年 5 月 8 日—10 日,测得最大有效波高是 1.5m,SWAN 模拟最大有效波高为 1.54m;模拟结果如图 6.1-10 ~ 图 6.1-13 所示。

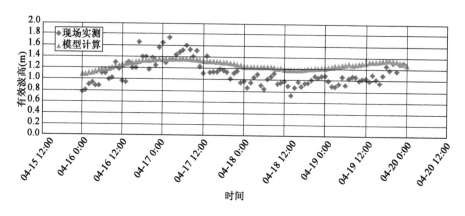

图 6.1-10　2014 年 4 月 16 日—19 日现场观测有效波高与 SWAN 模拟波高比较

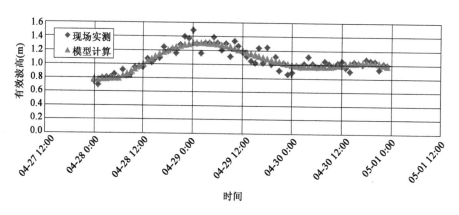

图 6.1-11　2014 年 4 月 28 日—30 日现场观测有效波高与 SWAN 模拟波高比较

验证表明,SWAN 模式模拟的海浪结果与实测结果总体趋势符合良好,且两者最大有效波高值相差较小,模拟结果可信。

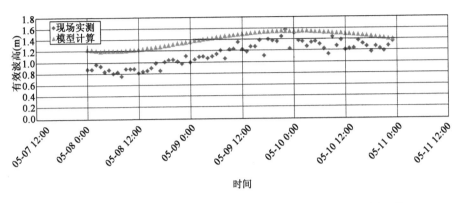

图 6.1-12　2014 年 5 月 8 日—10 日现场观测有效波高与 SWAN 模拟波高比较

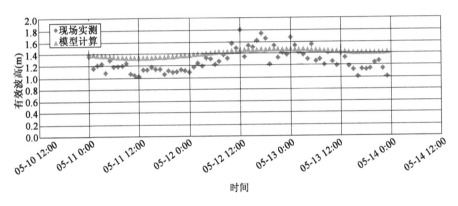

图 6.1-13　2014 年 5 月 11 日—13 日现场观测有效波高与 SWAN 模拟波高比较

6.1.2.6　外海波浪条件推算结果

本次研究中使用 1990—2009 年共计 20 年间影响工程海域的锋面大风天气过程,利用 ECMWF 和 NCEP 历史再分析风场资料和区域台风模式计算出工程附近海域 10m 高度的再分析风场,用海浪数值模式 SWAN 计算出工程附近外海－40m 水深处(图 6.1-14)的年极值波浪参数,然后应用 P-Ⅲ型极值分布推算工程附近海域水域各计算点不同方位(W、WSW、SW、SSW、S 向 5 个方位)。由于采用的推算多年一遇波高和周期的方法所需样本是每年一个极值,此时仅选取其中最大的(显然每年只能有一个)作为样本,这样的样本值共有 20 个。

根据计算结果,用 P-Ⅲ型方法推算工程海域深水区－40m 水深处各向不同重现期的有效波高和平均周期。不同重现期有效波高及平均周期结果见表 6.1-4。

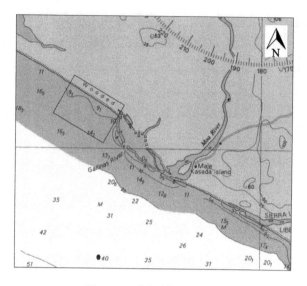

图 6.1-14　外海计算点位置图

工程区外海 −40m 水深处不同重现期波高及周期结果　　表 6.1-4

方向	S		SSW		SW		WSW		W	
重现期	$H_{13\%}$ (m)	T_m (s)	$H_{13\%}$ (m)	T_m (s)	$H_{13\%}$ (m)	T_m (s)	$H_{13\%}$ (m)	T_m (s)	$H_{13\%}$ (m)	T_m (s)
50a	3.96	14.5	4.26	15.3	3.99	14.5	3.57	13.4	3.39	12.8
25a	3.72	13.7	3.99	14.5	3.77	13.9	3.38	12.9	3.20	12.4
10a	3.41	12.8	3.62	13.6	3.45	12.9	3.11	12.2	2.95	11.7
5a	3.15	12.1	3.32	12.7	3.18	12.2	2.89	11.5	2.73	10.8
2a	2.77	11.2	2.86	11.3	2.80	11.2	2.56	10.4	2.41	10.1

　　为进一步分析本书结果的合理性，利用欧洲中长期预报中心过去 20 年（1990—2009 年）的全球气象和海浪再分析场资料（分辨率 2.5°×2.5°，6h 一次），同时结合本次工程海域实测波浪资料，与本报告结果做比较分析。

　　最靠近工程海域的 ECMWF 历史再分析数据点位于（15°W，9°N），该点的波要素与工程外海的波要素进行比较。图 6.1-15 给出了 ECMWF 历史再分析数据点过去 20 年（1990—2009 年）的各向年极值波高（有效波高），图 6.1-16 给出了各向年极值波高对应的平均周期。

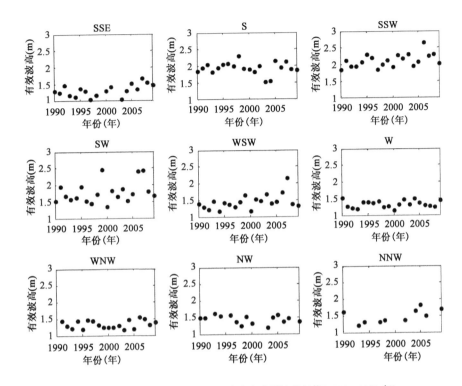

图 6.1-15　外海 ECMWF 再分析点各向年有效波高极值(1990—2009 年)

从图 6.1-15 可以看出,ECMWF 历史再分析数据点大波高主要集中在 S、SSW 及 SW 三个方向,过去 20 年最大的波高出现在 SSW 向,约 2.8m。本书中给出 10 年一遇的有效波高约为 3.6m,25 年一遇的有效波高为 4.0m,与再分析数据过去 20 年 SSW 向的波高年极值在可比范围内。

从图 6.1-16 可以看出,ECMWF 历史再分析数据点较大的平均周期也集中在 S、SSW 及 SW 三个方向,平均周期大都在 10s 左右,SSW 方向最大的平均周期可达 13s。本书中给出 A 点的不同重现期平均周期在 10.1~15.3s 之内,与再分析数据点过去 20 年的周期年极值也在可比较范围内。

由于本工程附近海域常年以涌浪为主,尽管有少量风暴发生,但该地区的风暴强度较小(风暴的风速大都低于 15m/s),故极端天气形式引起的大浪情形非常少见,波高年极值变化不大,因此不同重现期波高相差也不大,本次后报的重现期波高值在合理范围之内。

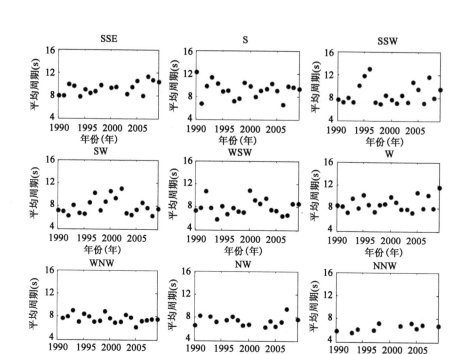

图 6.1-16　外海 ECMWF 再分析点各向年有效波高极值对应的平均周期

6.2　北印度洋海浪特性的数值模拟研究

6.2.1　依托工程及自然条件概述

6.2.1.1　依托工程简介

斯里兰卡科伦坡南港集装箱码头工程位于斯里兰卡岛西岸中部,地理位置约位于($79°51'30''E,6°56'48''N$),科伦坡南港扩建工程西边面向印度洋,东面背靠斯里兰卡岛。由于种种原因,当地缺乏波浪和气象观测资料,为满足科伦坡南港扩建工程的需要,本院受委托对该港区的波浪要素及极值风暴潮潮位进行模拟研究。基于有限的观测资料和风浪分析统计资料,主要是就该工程所需的不同重现期港区外海海浪极值波高分布情况、港内波要素的分布与风暴潮潮位极值进行计算,以利于码头选址和确定水工建筑物前的设计波浪要素。

6.2.1.2　自然条件概述

斯里兰卡岛位于印度洋东北部,孟加拉湾口西侧,常年受季风气候影响。冬季(10月—次年3月)盛行西北风,平均风速为 3~5m/s。3月—5月有时会有西北大风过程,最大风速可达 16m/s 以上。夏季(6月—9月)盛行西南风,平均风速为 8~10m/s。特别需要指出的是,孟加拉湾为世界上著名的飓风多发区。每年从7月初至10月,都会有多个强度不同的飓风过程袭击孟加拉湾,个别飓风的中心最大风速甚至超过 70m/s。尽管孟加拉湾为世界上著名的飓风多发区,但由于斯里兰卡岛位于纬度较低的孟加拉湾口西侧,孟加拉湾附近海域生成的热带气旋在经过或影响到斯里兰卡岛时强度较低,风速不是很大,还没有加强为飓风。

有些年份,有强度较低的热带气旋会经过斯里兰卡岛向西北方向移动,会对工程海域的海浪状况产生显著影响,这些强度不同的飓风会严重影响或直接袭击工程海域,热带气旋产生的巨浪会对海洋工程项目造成巨大的损失。所以,斯里兰卡科隆坡南港扩建工程波浪外海波浪推算,首先需要考虑的气象条件是热带气旋。

鉴于目前工程海域无任何气象和水文观测资料,本项目首先利用欧洲中长期预报研究中心(ECMWF)过去50多年的全球气象和海浪再分析场资料(分辨率 2.5°×2.5°,6h 一次),简要分析分别靠近斯里兰卡西部海域的深海平均气象和海浪分布,以对工程海域远海的气象和海浪状况有个大致的了解。

最靠近斯里兰卡西部海域的 ECMWF 历史再分析数据点位于 P 点(78°E,6°N),该点在斯里兰卡科伦坡南港的西南方向,距离科伦坡南港约 150km。选取 2008 年的风速和波浪资料进行数据统计。如图 6.2-1 所示为 P 点 2008 年风向分布玫瑰图,可以看出,主风向主要集中于西(W)和西南西(WSW)两个方向范围。如图 6.2-2 所示为 P 点的风速分布图,可以看出强风向主要集中于西南西(WSW)至西北西(WNW)这两个方向范围。由于受印度次大陆的影响,北向的风较少,另一个特征是,南南西(SSW)至东北东(ENE)方向的风也较少,这是由于印度洋常年受印度洋季风控制所致。图 6.2-3 为 P 点同时段的波向分布图,图 6.2-4 为 P 点同时段的波高分布图,可以看出主浪向和强浪向主要集中南南西(SSW)方向。

斯里兰卡外海的波浪传播至斯里兰卡岛西部海域时,由于受地形因素的影响,主波逐渐变为西南向(SW)。

根据 ECMWF 历史再分析数据 P 点的波浪资料和风资料给出的斯里兰卡西南部的波浪和风分布,与报告 CPEEP 给出的波浪和分布是一致的。

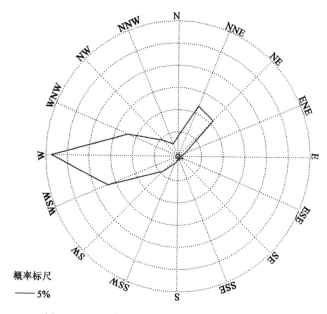

图 6.2-1　2008 年 P 点(78°E,6°N)处风向分布玫瑰图

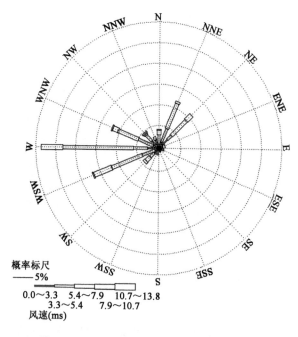

图 6.2-2　2008 年 P 点(78°E,6°N)处风速分布图

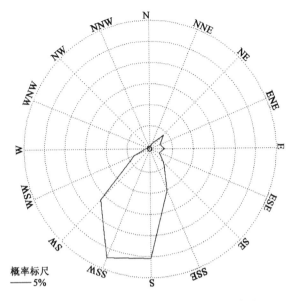

图 6.2-3 2008 年 P 点(78°E,6°N)处波向分布图

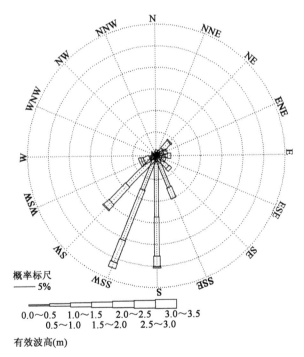

图 6.2-4 2008 年 P 点(78°E,6°N)处波高分布图

6.2.2 风浪流模拟成果

6.2.2.1 工程附近海域风场气候状态

斯里兰卡岛位于北印度洋,在印度半岛南面,处于6°N～10°N之间。其西部海域大风天气主要由锋面过程与热带风暴过程产生(印度洋热带气旋被称为热带风暴)。但印度洋较太平洋而言,热带风暴过程较少且较弱;热带风暴在低纬度形成之后,逐渐北移并且发展,往往在孟加拉湾海域达到强盛,成为强热带风暴;而斯里兰卡纬度较低,影响它的热带风暴一般强度较弱。

影响工程海域的主要大风天气系统为热带风暴与锋面,其中前者为主。

6.2.2.2 热带风暴统计

热带风暴一般在海洋上纬度为5°N以北或5°S以南的海域生成,斯里兰卡西部海域处于5°N以北热带地区,也是北印度洋热带风暴发生的源地之一。查阅美国大气海洋局所属的国家飓风中心网站(网址 http://www.nhc.noaa.gov/),可以知道:虽然斯里兰卡西部海域受热带风暴影响总体来看较小,但在个别年份里,热带风暴会直接影响这个海域。图6.2-5给出了最近20年影响斯里兰卡沿岸海域的所有热带风暴的移动路径。

6.2.2.3 大风个例的挑选

(1)热带气旋个例

依据美国大气海洋局所属的国家飓风中心网站(网址 http://www.nhc.noaa.gov/)所给出的北印度洋热带风暴路径信息,图6.2-5中所有影响斯里兰卡的热带风暴个例都将被考虑。

(2)锋面大风过程个例

采用 NCEP Climate Forecast System Reanalysis (CFSR,3h/次)的风场资料,大风计算范围为78°～80°E,7°～9°N,以1993年大风个例为例,步骤如下:

计算一天8个时刻(00,03,06,09,12,15,18,21)(世界时)所选小区范围内的最大风速作为每个时刻的最大风速值;

在这八个时刻中选取最大风速值作为这一天的最大风速;

如此依次计算出1993年365天每一天对应的最大风速;

为全年风速进行排序,并从中选取出不和台风个例时间相同且不相邻的 n 个时刻($n=20$ - 本年受影响的台风个数,1993年有4个,所以 $n=16$)作为个例的中间时刻,其前一个时刻作为个例的开始时刻。

最终确定的近20年热带风暴与锋面大风个例一共有400个,见表6.2-1。

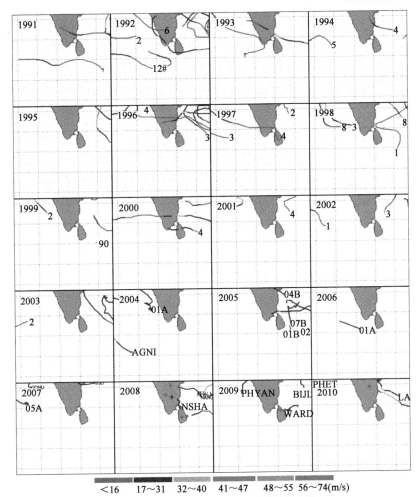

図6.2-5 影响斯里兰卡海域的热带风暴路径

大风个例(1991—2010 年) 表6.2-1

年份(年)	个例起始时间（月-日，格式：mm-dd）									
1991	11-10	11-13	04-23	01-13	01-16	06-01	06-03	07-30	08-16	12-14
	06-22	08-12	06-09	08-23	09-20	06-11	04-29	08-26	06-15	07-15
1992	11-27	12-01	11-09	11-12	11-04	10-12	10-15	10-03	10-06	09-27
	06-13	06-02	05-14	08-06	05-17	06-16	06-18	07-05	08-23	06-07
1993	11-29	12-02	11-04	11-07	06-03	12-18	07-24	07-02	06-24	07-11
	06-26	05-24	06-27	06-30	06-01	06-18	06-07	07-28	10-05	03-08
1994	10-27	04-27	05-23	06-18	07-11	11-07	05-28	10-30	05-30	08-30
	07-27	05-12	06-20	08-27	08-25	07-08	05-07	10-25	07-31	06-03

79

续上表

年份(年)	个例起始时间（月-日，格式：mm-dd)									
1995	11-21	11-06	05-08	07-01	06-08	06-03	06-10	06-27	06-29	08-06
	08-22	05-06	08-31	06-12	07-28	12-10	08-28	01-17	07-05	05-18
1996	12-02	11-04	10-23	11-26	10-15	10-18	06-11	05-01	06-13	07-09
	01-06	07-28	07-19	12-08	07-23	02-05	02-17	01-21	08-26	05-23
1997	11-01	11-04	11-07	09-18	05-13	02-11	07-22	05-28	09-23	05-17
	05-19	02-24	03-19	09-21	07-28	06-26	07-14	07-24	05-31	10-20
1998	12-10	11-12	05-31	05-12	05-16	06-27	06-14	07-23	05-25	06-08
	12-06	06-21	05-18	06-10	07-27	07-02	10-02	09-22	06-17	02-01
1999	11-18	05-14	01-31	05-23	06-09	07-04	07-27	06-05	08-25	06-12
	04-14	04-27	02-05	08-31	04-24	02-18	05-28	08-02	05-20	05-26
2000	12-22	12-25	11-25	11-27	10-15	06-03	08-08	08-21	08-27	07-10
	06-30	06-11	07-04	01-02	01-17	06-01	08-23	07-16	06-17	11-11
2001	11-08	05-20	07-07	05-28	12-19	08-01	05-11	09-23	09-27	07-03
	05-14	01-18	06-14	06-26	06-05	08-16	08-19	06-22	06-02	10-05
2002	11-12	11-08	01-31	07-31	06-14	07-17	08-08	07-01	05-06	05-12
	05-17	06-22	01-01	08-02	06-07	05-27	06-25	07-12	09-15	05-20
2003	12-11	12-14	05-09	05-12	07-23	05-28	05-17	06-16	06-03	06-11
	05-14	12-28	05-21	10-05	02-27	08-06	06-18	01-05	08-20	06-20
2004	11-27	06-04	12-13	01-08	06-15	06-27	08-13	06-11	05-19	08-28
	06-30	07-02	07-14	07-19	08-17	08-02	07-24	06-13	01-10	08-27
2005	12-15	12-18	12-07	11-27	01-13	01-07	06-15	07-25	02-09	07-07
	07-21	06-18	08-15	06-07	09-18	09-07	06-24	09-03	06-09	09-11
2006	04-23	01-12	05-25	05-23	08-28	05-17	08-11	06-21	07-15	08-06
	09-29	07-03	12-15	07-17	12-18	07-01	08-08	01-27	09-12	07-12
2007	11-10	06-21	10-27	12-12	06-12	09-15	07-16	06-29	10-05	05-13
	06-27	05-02	05-09	09-18	08-05	07-06	05-16	06-09	05-11	06-16
2008	12-05	11-24	11-13	04-26	06-24	07-22	07-28	05-02	06-15	07-26
	05-28	08-10	05-13	05-11	07-18	07-07	08-04	09-10	06-10	07-15
2009	12-10	04-14	09-30	06-04	09-01	06-24	06-07	01-18	10-02	01-12
	05-24	06-17	06-15	05-19	08-02	02-16	07-15	01-14	02-19	09-05
2010	11-03	05-16	06-06	05-18	06-29	02-05	06-23	05-28	09-07	10-13
	11-06	05-23	10-05	06-10	08-28	05-25	01-14	12-03	07-27	07-01

6.2.2.4　风场个例示意

如图 6.2-6 ~ 图 6.2-9 所示分别为 4 个大风个例的后报海面风场例子。

80

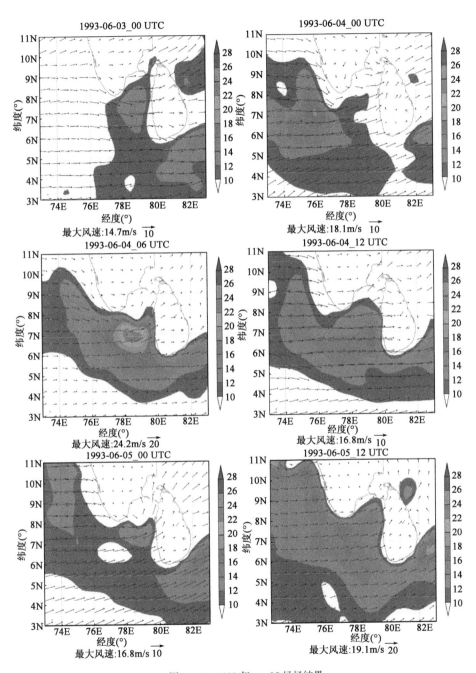

图 6.2-6 1993 年 case05 风场结果

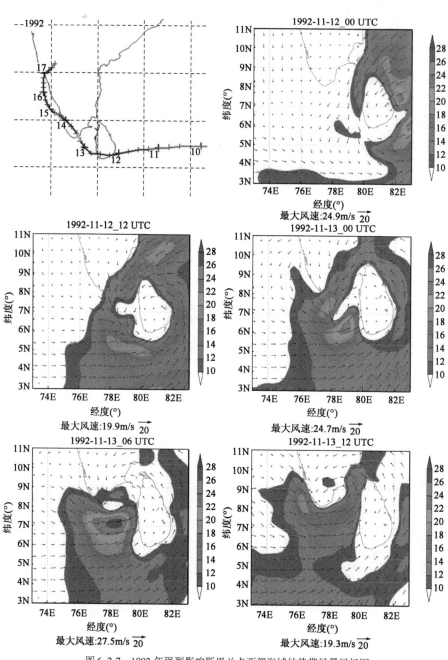

图 6.2-7　1992 年强烈影响斯里兰卡西部海域的热带风暴风场图

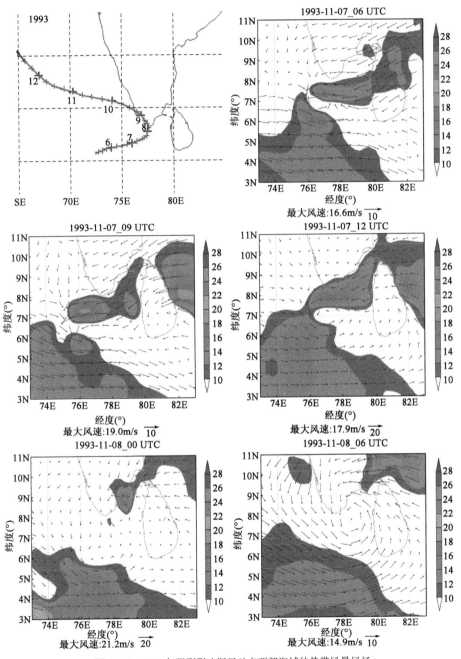

图 6.2-8　1993 年强烈影响斯里兰卡西部海域的热带风暴风场

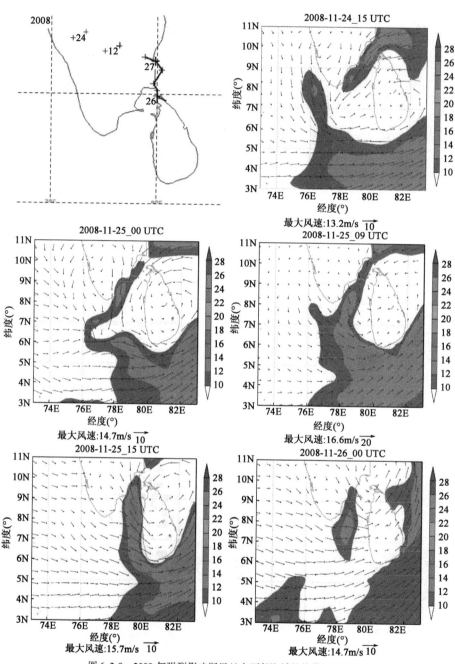

图 6.2-9　2008 年强烈影响斯里兰卡西部海域的热带风暴风场

6.2.2.5　工程海域海浪数值计算

斯里兰卡科伦坡港外海海域西南向主要由南大洋传播而来的涌浪所控制。涌浪方向非常一致,为南南西向(SSW)向。传到科伦坡港近岸浅水 20m 等深线时,由于地形的折射等原因,涌浪传播方向变为西南向(SW)。科伦坡港附近海域 30m 等深线处的涌浪分布状况应该与 20m 等深线处的涌浪分布类似。其他方向的波浪主要为风浪,风浪由印度洋季风产生,也可以由热带气旋产生。

(1)计算区域及时空分辨率

本项目的波浪计算采用三角网格计算,网格分布见图 6.2-10。

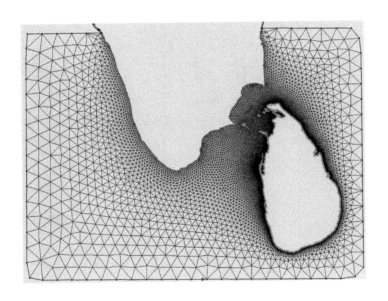

图 6.2-10　计算网格分布

(2)海浪计算的比较与检验

本工程获取不到斯里兰卡西南部附近海域海浪观测资料,因此,很难对波浪模拟结果进行后报检验。报告 CPEEP 和报告 DWCS 给出了根据实测波浪资料计算的波候统计分布,但其中均没有提供实测波浪时间序列,因此,很难根据实测波浪时间序列检验波浪模式计算结果。

卫星观测波浪资料是目前可以直接获得的唯一可靠的波浪观测资料。如前所述,已经计算了过去 20 年发生在斯里兰卡西部附近海域的大风天气过程,然后根据此后报风场,计算了斯里兰卡西部近海大风过程引起的波浪场。由于没有直接的波浪观测资料,选取了斯里兰卡西侧海域的卫星高度计沿轨观测有效波高进行了结果的比较验证。高度计资料在海浪模式的验证和同化中非常常用,观测的可靠性较高。使用的卫星数据包括 TOPEX/Poseidon（TP）,Jason-1（J1）和 Jason-2（J2）。重复轨道周期约为 10 天,如图 6.2-11 所示为卫星经过斯里兰卡近海时的卫星轨道示意图。

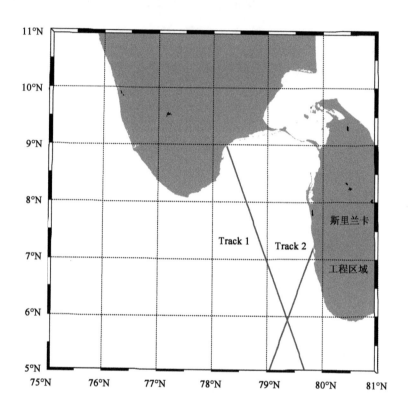

图 6.2-11　斯里兰卡外海卫星轨道示意图

当卫星经过斯里兰卡西部海域时,读取卫星轨道上的观测海浪波高,然后与轨道上的 SWAN 模式模拟结果进行比较。如图 6.2-12 ~ 图 6.2-15 所示为1999 年 05 月 15 日、2001 年 01 月 19 日、2004 年 07 月 01 日和 2010 年 06 月01 日卫星 4 次经过斯里兰卡近海时的波浪比较图,从这些图中可以看出,SWAN 模式模拟的海浪结果与卫星观测结果符合良好,模式运行可靠,计算结果可信。

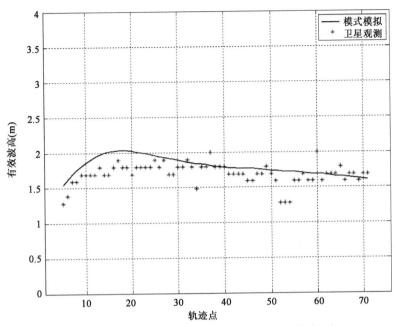

图 6.2-12　1999-05-15 02：00 Track1 观测与模拟有效波高比较

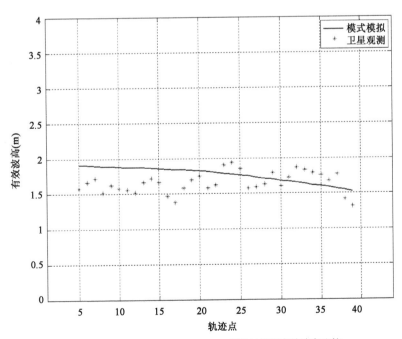

图 6.2-13　2001-01-19 09：00 Track1 观测与模拟有效波高比较

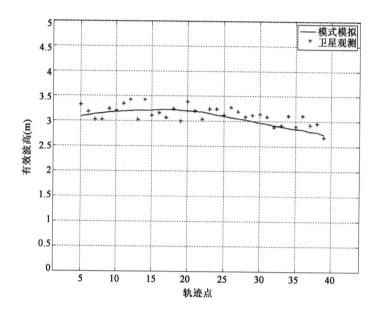

图 6.2-14　2004-07-01 16:00 Track2 观测与模拟有效波高比较

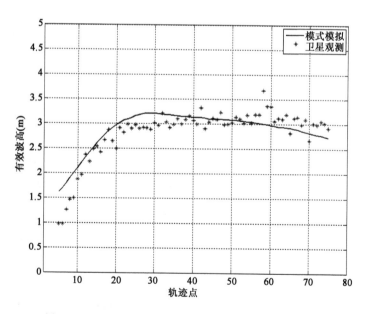

图 6.2-15　2010-06-01 16:00 Track1 观测与模拟有效波高比较

6.2.2.6 不同重现期波浪要素推算

(1) 极值推算方法

推算不同重现期设计波要素的关键在于对极值选定一个合适的频率分布。由于目前对海浪的长期分布仍不清楚,常常使用适线法选择满足极值经验频率分布的理论分布函数,然后再依此理论分布自相应的表达式推算得对应于某一频率的极值。从统计的角度出发,样本越长,推算结果的可信度就越高。本次研究推算极值波高的概率分布为工程常用的 P-Ⅲ 型,P-Ⅲ 型分布的最大优点是弹性大,多数情况下能通过反复适线或适当调整离差系数和均值,使理论曲线与经验频率点拟合较好;其缺点是当资料系列较短时,选配曲线的任意性加大,如资料再出现几组相同大小的年极值时,任意性就更大。

(2) 样本数据的来源

本项目使用 1992—2011 年共计 20 年间影响工程海域的飓风和锋面大风天气过程,利用 ECMWF 和 NCEP 历史再分析风场资料和区域台风模式计算出工程附近海域 10m 高度的再分析风场,用海浪数值模式 SWAN 计算对应的浪场。对每一个天气过程,分别计算 30m 等深线处的逐时有效波高和平均周期作为极值波高和周期推算的样本数据。统计结果详见表 6.2-2 和表 6.2-3。

每年不同方向最大风速的统计值(风速,m/s) 表 6.2-2

方向 / 年份(年)	WNW	NW	NNW	N	NNE
1991	7.33	7.55	8.79	8.10	11.66
1992	5.30	4.19	12.48	18.81	10.39
1993	9.41	6.21	7.36	7.85	8.88
1994	10.95	1.52	1.87	3.21	2.64
1995	7.02	9.81	8.89	9.32	9.11
1996	8.99	8.95	10.41	11.09	9.89
1997	7.78	8.70	7.16	6.84	7.57
1998	6.40	5.48	7.11	7.36	7.13
1999	7.30	7.32	7.17	6.59	8.50
2000	9.40	10.30	11.26	12.81	11.97
2001	7.65	6.47	6.51	8.26	9.02
2002	7.79	7.60	4.89	7.17	10.36
2003	11.69	6.84	6.54	8.36	9.11

年份(年) \ 方向	WNW	NW	NNW	N	NNE
2004	7.58	7.30	8.25	7.98	10.61
2005	4.59	6.74	8.76	9.30	9.94
2006	4.16	4.26	6.39	8.70	11.72
2007	10.31	8.59	8.94	9.03	8.82
2008	9.47	9.17	10.34	10.26	8.31
2009	8.30	8.86	7.89	9.17	9.83
2010	7.81	11.20	12.85	10.53	9.15

不同重现期风速的计算（单位:m/s）　　　　　表 6.2-3

重现期 \ 方向	WNW	NW	NNW	N	NNE
2a	7.58	7.08	7.92	8.22	9.23
5a	9.4	9	10.01	10.96	10.54
10a	10.6	10.23	11.36	13.03	11.36
25a	12.11	11.79	13.06	15.87	12.37
50a	13.12	12.82	14.18	17.84	13.02
100a	14.15	13.86	15.32	19.91	13.68
200a	15.15	14.87	16.42	21.98	14.32

基于以上统计结果,WNW、NW 和 NNW 向波浪条件将通过 SWAN 模型计算。考虑到科伦坡南港工程所在海域位置和地形情况,N 向和 NNE 向波浪将由有限风区风成浪模式计算。

（3）不同重现期波要素的计算

根据技术要求,结合 P_1 计算得到的 20 年波高极值（表 6.2-4）,给出工程海域不同 30m 等深线处各向（NWW、NW、NNW）多年一遇波浪要素,见表 6.2-5。

P_1 点不同方向的年极值　　　　　　　表 6.2-4

方向	Wave	1991	1992	1993	1994	1995	1996	1997	1998	1999	2000	2001	2002	2003	2004	2005	2006	2007	2008	2009	2010
WNW	$H_{1/3}$ (m)	1.16	1.30	1.81	0.43	0.75	2.32	0.37	0.68	0.85	2.47	2.00	1.07	2.32	1.74	0.54	1.21	1.59	1.57	0.48	0.78
	$\overline{T}$ (s)	5.34	5.33	6.10	4.46	4.81	6.52	4.28	4.63	4.95	6.74	6.26	5.14	6.67	6.02	4.61	5.30	5.66	5.66	4.37	4.71

续上表

方向	Wave	1991	1992	1993	1994	1995	1996	1997	1998	1999	2000	2001	2002	2003	2004	2005	2006	2007	2008	2009	2010
NW	$H_{1/3}$ (m)	1.04	0.38	0.87	0.35	0.76	2.02	0.62	0.50	0.86	2.25	0.61	1.27	0.48	0.98	0.51	0.98	2.21	1.32	0.49	3.00
	$\overline{T}$ (s)	5.17	4.33	4.83	4.29	4.84	6.22	4.52	4.56	4.88	6.58	4.52	5.41	4.42	5.03	4.41	5.14	6.47	5.45	4.47	7.28
NNW	$H_{1/3}$ (m)	1.88	1.73	1.34	0.81	1.63	1.50	1.27	1.03	0.92	1.85	1.56	0.92	1.22	1.16	1.61	1.43	2.20	1.68	1.54	2.44
	$\overline{T}$ (s)	6.05	5.95	5.40	4.96	5.69	5.56	5.47	4.99	4.92	5.97	5.66	4.94	5.24	5.14	5.74	5.45	6.48	5.92	5.73	6.70

P_1 点不同重现期波要素条件 表6.2-5

方向	WNW		NW		NNW	
重现期	$H_{1/3}$(m)	$\overline{T}$(s)	$H_{1/3}$(m)	$\overline{T}$(s)	$H_{1/3}$(m)	$\overline{T}$(s)
2a	1.02	5.26	0.77	5.07	1.41	5.56
5a	1.60	6.02	1.33	5.80	1.80	6.00
10a	2.10	6.49	1.90	6.22	2.05	6.26
25a	2.83	7.08	2.79	6.71	2.37	6.56
50a	3.36	7.46	3.45	7.02	2.58	6.75
100a	3.92	7.84	4.17	7.33	2.79	6.93
200a	4.50	8.21	4.91	7.62	3.00	7.11

6.3 孟加拉湾波浪特性研究

6.3.1 依托工程及自然条件特征

6.3.1.1 工程概况

拟建缅甸500万t原油炼油厂工程位于缅甸南部的土瓦(Dawei),岸线为南北走向,工程位于缅甸南部延伸部的西岸,面朝安达曼海,西邻孟加拉湾,近岸水深变化较大,距海岸约4km即达到-20m等深线,西侧有Hngetthaik群岛隔海相望,该群岛以西外侧紧邻-30m等深线。

根据技术要求和研究需要,通过波浪整体数学模型,推算工程附近外海波浪条件及工程不同平面布置方案海工建筑物的设计波浪要素,并计算工程建设后港内波浪条件,分析码头泊稳情况,为设计提供科学根据。

6.3.1.2 风速与波浪资料

（1）风速条件

本海区属热带季风气候，5月—9月盛行西南季风，11月—翌年3月盛行东北季风。2012年4月—2013年3月，该海区常风向为ENE向，出现频率为12.6%，次常风向为E向，出现频率为11.8%，平均风速为2.3m/s。强风向为WSW向，最大风速为17.8m/s，次强风向为SW向，最大风速为17.6m/s。西南季风期间：5月，虽然W—S向风出现频率与N—E向风出现频率相差不大，但风力已明显加强；6月—8月，WSW向风最盛，最大风力达到8级，最大风速为17.8m/s；9月，虽然N—E向风出现频率在逐渐增大，但风力仍以SW向为主。东北季风期间：11月—翌年1月，N—E向风出现频率逐渐增大，风力也在增强，其中在1月，ENE向风出现频率达到21.6%，强风向ENE向最大风力为6级，最大风速为12.3m/s。2月—3月，东北季风逐渐减弱。本海区西南季风强度大于东北季风。该海域统计的2012—2013年全年风速分频分级如表6.3-1所示，风玫瑰图如图6.3-1所示。另外，该海域处于安达曼海的东侧，受到飓风的影响很小，但是本书将会考虑飓风在此区域的活动。

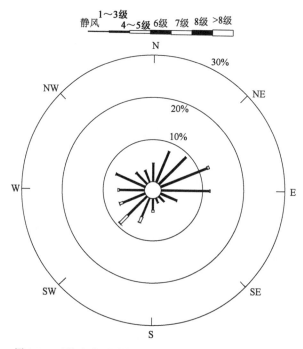

图6.3-1 缅甸气象观测站2012年3月—2013年3月风玫瑰图

全年各向各级风频率统计结果

测量时间:2012年4月—2013年3月

表 6.3-1

蒲福式风级	风速 V_{10} (m/s)	风向 D_{10}	N	NNE	NE	ENE	E	ESE	SE	SSE	S	SSW	SW	WSW	W	WNW	NW	NNW	C	合计
			出现频率(%)																	
静风	0.0~0.2		0	0	0.1	0	0.1	0	0	0	0.1	0	0.0	0.0	0.1	0	0.0	0.0	0	0.6
1~3级	0.3~5.4		4.4	7.8	9.0	12.0	11.5	4.2	1.8	1.2	2.8	4.8	6.5	5.8	6.1	7.7	3.7	2.9	0	92.1
4~5级	5.5~10.7		0.1	0.1	0	0.5	0.2	0.1	0	0	0.3	1	3	1	0.1	0.1	0.1	0.1	0	7.1
6级	10.8~13.8		0	0	0	0.1	0	0	0	0	0.1	0	0	0	0.1	0	0	0	0	0.2
7级	13.9~17.1		0	0	0	0	0	0	0	0	0	0	0	0	0	0	0	0	0	0.0
8级	17.2~20.7		0	0	0	0	0	0	0	0	0	0	0	0	0	0	0	0	0	0
>8级	≥20.8		0	0	0	0	0	0	0	0	0	0	0	0	0	0	0	0	0	0
合计			4.5	7.9	9.1	12.6	11.8	4.3	1.8	1.2	3.3	6.3	9.5	6.8	6.3	7.8	3.8	3.0		100.0
平均风速		V_{10} (m/s)	1.5	1.1	1.1	2.2	1.9	1.4	1.3	1.9	3.2	4.1	4.2	3.3	2.4	2.0	2.5	2.5		2.3
最大风速		V_{m10} (m/s)	12	8.2	7.2	12.3	14.2	14.7	3.9	9.1	11.0	14.2	17.6	17.8	16.6	15.0	10.4	12.5		17.8
极大风速		V_{gm} (m/s)	20.5	12.4	13.9	21.6	13.0	24.4	13.8	14.8	18.4	19.7	31.0	22.6	28.7	15.4	19.2	14.3		31.0

注:1. 频率分布和各向平均风速是根据整点的10min平均风速统计。

2. 各向的最大风速采用每小时最大10min平均风速统计。

（2）波浪条件

在工程附近海域设置波浪测站进行了一年的波浪观测,测量时间为2012年3月6日—2013年3月6日。根据波浪观测结果知,工程海域5月—9月为大浪期,10月—次年4月波高较小,波高的季节性变化极其明显。年平均三分之一波高 $H_{1/3}$ 达到0.5m,月平均最大波高达到0.5m以上的月份有5月—9月,月平均最大为1.0m(6月);年最大三分之一波高 $H_{1/3}$ 达到2m,出现在6月和9月。从图6.3-2的波玫瑰图可看出,该工程海域的主要浪向为WSW、SW、SSW向,其中SW向为常浪向,强浪向为SSW向。

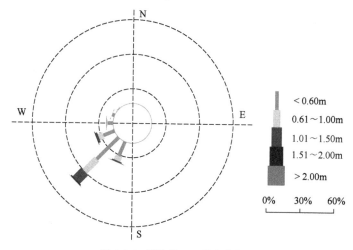

图6.3-2　波浪站 $H_{1/10}$ 波浪玫瑰图

6.3.2　海浪要素模拟分析

6.3.2.1　风场计算结果

本项目利用欧洲中长期预报研究中心(ECMWF)过去50多年的全球气象和海浪再分析场资料(分辨率0.75°×0.75°,6h一次),提取了计算风场范围内的气象数据,计算范围与提取点分布如图6.3-3所示。风场计算范围是6°N～19°N,87.75°E～101°E。本次统计了1993—2012年共20年的所有风场,其中选取每年20场较大的大风天气与飓风天气为样本进行加密计算。计算得到的2007年8月风场过程如图6.3-4所示。

通过计算得到1993—2012年不同计算方向(SSW、SW、WSW及W向)在工程外海域的风速年极值,如表6.3-2所示。年极值在20m/s以上的风速主要是集中在WSW向,其次是SW向。依据工程外海域20年的风速年极值,采用P-Ⅲ

94

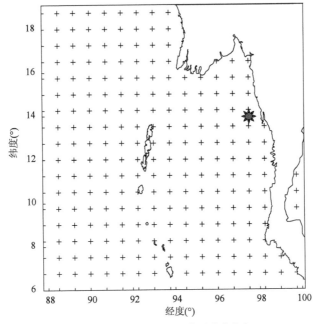

图 6.3-3　风场计算范围及提取点的分布

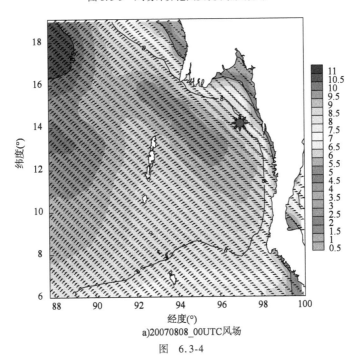

a)20070808_00UTC风场

图　6.3-4

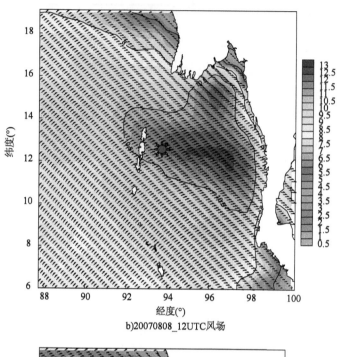

b)20070808_12UTC风场

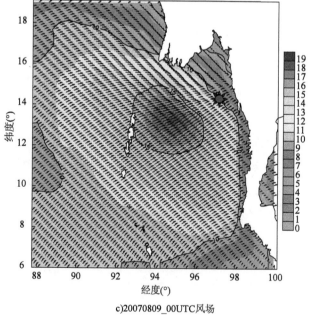

c)20070809_00UTC风场

图 6.3-4

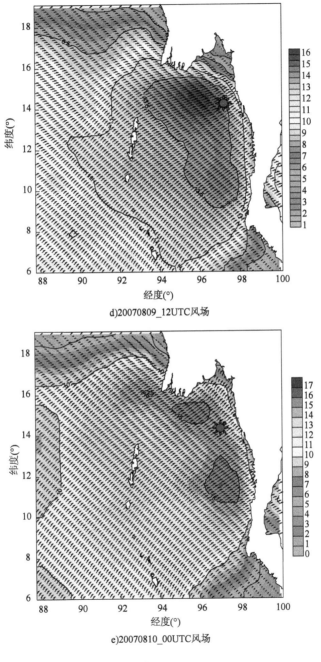

d)20070809_12UTC风场

e)20070810_00UTC风场

图 6.3-4

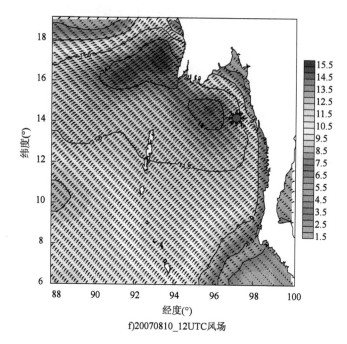

f)20070810_12UTC风场

图 6.3-4　风场计算结果图

　　曲线适线法推算各向不同重现期风速。不同方向的重现期风速如表 6.3-3 所示。工程海域重现期 50 年的风速 WSW 向最大为 24.67m/s，其次是 SW 向的 23.73m/s。

工程外海域 1993—2012 年计算方向风速年极值（单位：m/s）　　表 6.3-2

方向 年份（年）	SSW	SW	WSW	W
1993	11.27	13.28	14.15	12.64
1994	12.14	13.76	13.93	13.45
1995	11.83	13.88	15.14	12.09
1996	12.84	13.51	14.36	14.93
1997	19.47	21.88	21.07	18.82
1998	14.74	13.57	12.78	15.20
1999	16.69	16.85	16.78	16.65
2000	12.82	12.57	12.81	11.87
2001	10.44	13.26	13.07	10.98

续上表

方向 年份(年)	SSW	SW	WSW	W
2002	14.48	15.99	16.72	16.18
2003	12.50	13.89	12.00	13.05
2004	13.82	14.28	17.31	11.37
2005	15.76	23.04	17.31	32.73
2006	17.37	17.85	20.94	18.45
2007	16.43	18.69	18.76	16.98
2008	14.02	16.17	15.90	14.33
2009	15.42	14.69	14.56	12.29
2010	11.60	13.24	15.45	16.25
2011	13.29	15.18	18.05	15.77
2012	12.72	16.34	20.48	16.98

不同方向的重现期风速(单位:m/s)　　　　　　　　表6.3-3

方向 重现期	SSW	SW	WSW	W
50a	20.57	23.73	24.67	22.72
10a	17.68	19.15	20.34	19.71
5a	16.18	17.29	18.51	18.14
2a	13.53	14.55	15.64	15.39

6.3.2.2　外海波浪要素计算结果

利用第三代海浪模式 SWAN 计算工程区外海域的波浪要素。本书采用 Ad-circ 模型计算所需三角形网格进行外海波要素计算。整个网格包括了 Andaman sea 和部分孟加拉湾海域,如图 6.3-5 所示。整个计算模型由 73554 个结点、141313 个三角形单元组成,最大单元尺寸达 41km 为模型边界网格,最小的三角形单元尺寸为 14m 为研究站点处水域,SWAN 模型比较适用于计算开敞海域的波要素,外海波要素计算点设置在工程区域岛外的 −40m 等深线处(P1、P2、P3),如图 6.3-5 所示,计算域的水深地形如图 6.3-6 所示。

(1)模型结果验证

卫星观测波浪资料是目前可以直接获得的可靠的波浪观测资料。如前节所述,计算了过去 20 年发生在 Andaman 海域的大风天气过程,根据此后报风场,本节计算缅甸土瓦近海大风过程引起的波浪场。在利用 2012 年 3 月—2013 年 3 月(历时一年)现场观测的波浪资料进行验证的同时,我们选取了缅甸西侧海域的卫星高度及沿轨观测有效波高进行了结果的比较验证。

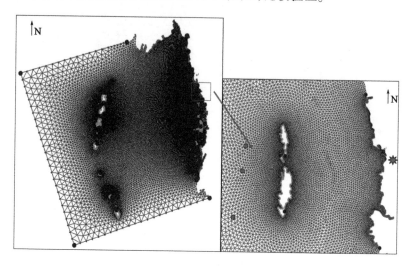

图 6.3-5 工程外海域的网格划分图

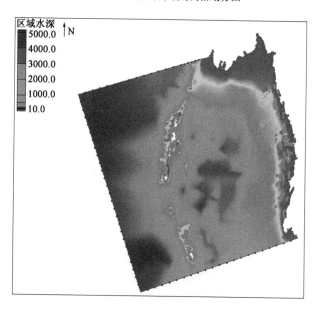

图 6.3-6 工程外海域的水深地形图

高度计资料在海浪模式的验证和同化中非常常用,观测的可靠性较高。使用的卫星数据主要是 Jason-2（J2）。重复轨道周期约为 10 天。如图 6.3-7 所示为卫星经过缅甸近海时的卫星轨道示意图。

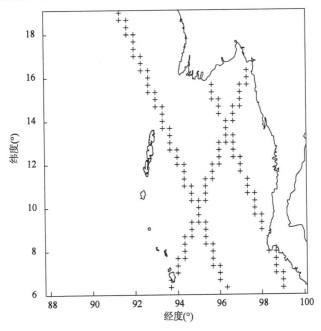

图 6.3-7　路经缅甸海域时的卫星轨迹点分布图

当卫星经过缅甸西部海域时，读取卫星轨道上的观测海浪波高，然后与轨道上的 SWAN 模式模拟结果进行比较。如图 6.3-8 ~ 图 6.3-11 所示为 2011 年 9 月 11 日、2012 年 7 月 19 日、2010 年 7 月 26 日和 2010 年 6 月 05 日，卫星 4 次经过缅甸近海时的波浪比较图。

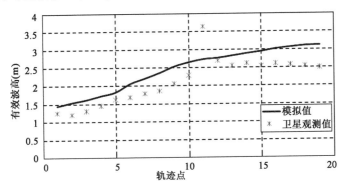

图 6.3-8　2011-09-11 17：00 卫星观测与模拟有效波高比较

101

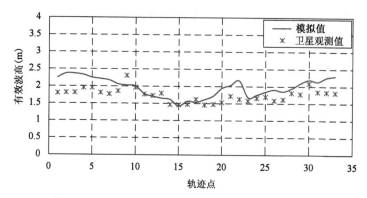

图 6.3-9 2012-07-19 14:00 卫星观测与模拟有效波高比较

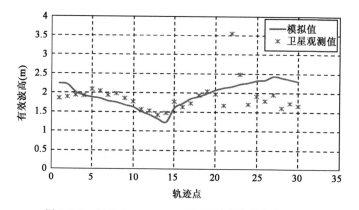

图 6.3-10 2010-07-26 18:00 卫星观测与模拟有效波高比较

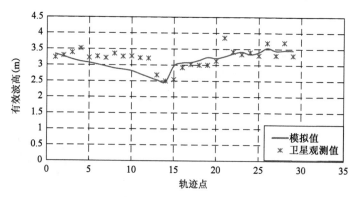

图 6.3-11 2010-06-05 07:00 卫星观测与模拟有效波高比较

在利用 2012 年 3 月—2013 年 3 月观测的波浪资料进行验证时,实测验证点位于 13°53.980′N,98°03.833′E,测量水深约为 17.5m。选取 2012 年 6 月、7 月及 9 月测到较大的几次波浪过程,将 SWAN 模拟的结果值与实测值进行对比验证。2012 年 6 月 6 日—8 日,测到最大有效波高是 1.8m,SWAN 模拟最大的有效波高为 1.7m;2012 年 7 月 17 日—19 日,测得最大有效波高是 1.7m,SWAN 模拟最大有效波高为 1.9m。模拟结果如图 6.3-12 ~ 图 6.3-15 所示。

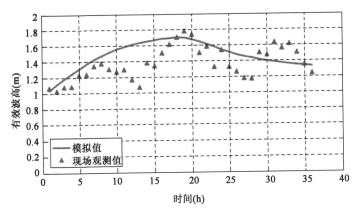

图 6.3-12　2012-06-06 00:00 现场观测与模拟有效波高比较

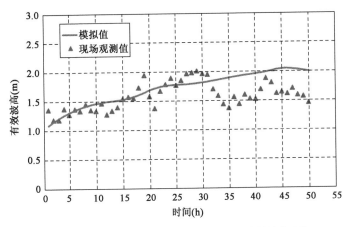

图 6.3-13　2012-06-16 00:00 现场观测与模拟有效波高比较

验证表明,SWAN 模式模拟的海浪结果与实测结果总体趋势符合良好,且两者最大有效波高值相差较小,模拟结果可信。

(2)不同重现期的波要素

通过 SWAN 不同几个样本的验证,优化选取合适的 SWAN 模型参数,对 1993—2012 年 20 年的共 400 场大风及飓风过程分别进行计算,得到对应的浪场。根据技术要求,给出工程海域 −40m 等深线处各向(SSW、SW、WSW、W,共

4 个方位)多年一遇波浪要素。模型计算了 P1、P2、P3 三点的波要素,选取最大值作为 -40m 等深线处得波要素如表 6.3-4 所示。在 Hngetthaik 群岛外海域,50 年一遇最大的波高在 WSW 向 5.59m,其次是 W 向 4.79m,SW 向 4.17m。

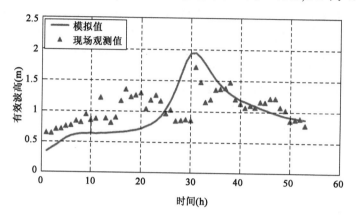

图 6.3-14 2012-07-17 00:00 现场观测与模拟有效波高比较

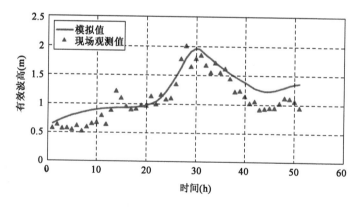

图 6.3-15 2012-09-06 00:00 现场观测与模拟有效波高比较

不同重现期工程外海波浪条件   表 6.3-4

方向 重现期	H_s(m)			
	SSW	SW	WSW	W
50a	3.74	4.17	5.59	4.79
10a	3.20	3.52	4.69	4.07
5a	2.93	3.17	4.22	3.70
2a	2.44	2.58	3.43	3.06

（3）周期分析

Ochi 是基于波高和周期的长期边缘分布均是对数正态的,因而联合分布也是这种分布,在给定波高下的周期分布 $f_3(T|H)$ 也是对数正态的:

$$f_3^{(o)}(T|H) \sim \Lambda\left(\mu_t + \frac{\sigma_t}{\sigma_h}\rho_{ht}(\ln H - \mu_h), \sigma_t\sqrt{1-\rho_{ht}^2}\right) \qquad (6.3\text{-}1)$$

式中:(O)——按 Ochi 的结果。

周期的条件平均值 $\mu_T(H)$ 的标准差 $\sigma_T(H)$ 用简单的线性回归式来预报:

$$\hat{\mu}_T(H) = \mu_T + \frac{\sigma_t}{\sigma_h}\rho_{ht}(H - \mu_h) \qquad (6.3\text{-}2)$$

$$\hat{\sigma}_T(H) = \sigma_T(1-\rho_{ht}^2)^{\frac{1}{2}} \qquad (6.3\text{-}3)$$

用简单的线性回归式来预报波周期的条件期望值与标准差,并依周期的条件分布也近似呈正态分布,则 T_H 的期望值和置信概率为 0.95 的置信区间分别为 μ 和 $[\mu-1.96\sigma, \mu+1.96\sigma]$。

根据 2012 年 3 月—2013 年 3 月测波资料,对波高周期进行联合概率分布分析,波高周期的散点分布图见图 6.3-16。结果显示,一年平均有效波高 0.5m,平均有效周期是 6.8s。当波高较小(<0.5m)时,对应的周期范围较大,而波高较大时对应的周期范围相对较小,且比较接近风浪周期,说明工程区可以受到外海长周期波浪的影响,但波高相对较小,而工程区出现的较大波浪多为工程区附近风成浪影响生成。重现期 50 年波高对应的有效周期的期望值和置信概率为 0.95 的置信区间结果见表 6.3-5。不同重现期各向外海波要素如表 6.3-6 所示。

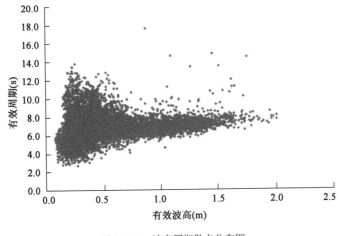

图 6.3-16　波高周期散点分布图

重现期 50 年波高对应有效周期计算结果 表 6.3-5

方　向	SSW	SW	WSW	W
期望值(s)	9.16	9.48	10.53	9.94
置信概率为 0.95 的 置信区间(s)	[7.53~10.79]	[7.85~11.11]	[8.9~12.16]	[8.31~11.57]

不同重现期工程外海波浪条件 表 6.3-6

方向 重现期	SSW		SW		WSW		W	
	H_s(m)	T_s(s)	H_s(m)	T_s(s)	H_s(m)	T_s(s)	H_s(m)	T_s(s)
50a	3.74	9.16	4.17	9.48	5.59	10.53	4.79	9.94
10a	3.20	8.77	3.52	9.00	4.69	9.86	4.07	9.41
5a	2.93	8.57	3.17	8.75	4.22	9.52	3.7	9.14
2a	2.44	8.21	2.58	8.31	3.43	8.94	3.06	8.67

6.4　南中国海海浪特征模拟与分析

6.4.1　依托工程及自然条件特性

6.4.1.1　工程概况

本工程位于海口西海岸新国宾馆北侧约 2km 海域,在建项目总共将分为四期。其中,生态岛一期填海造地面积 49.2698hm²,二期填海造地面积约 216hm²。项目建成后开发主要作为 22.5 万总吨级邮轮母港及配套设施、国际游艇会及配套设施、免税商业区、海洋主题公园、水上运动基地(含公众娱乐区)、涉外娱乐服务区等高端产业发展用地。生态岛三期项目,拟通过填海造地形成陆域面积约 553hm²,项目建成后开发主要作为商业金融贸易区、滨海旅游综合区、水上交通枢纽区、专属游艇配套区等高端产业发展用地。未来还有四期工程正在规划中。

本次评估工程为三期工程,依据一、二期项目的开发建设和四期项目的筹建情况,切实衔接海口西海岸南海明珠人工岛链的建设,助力海口发展。为确实做好本工程项目前期准备工作,目前海南金海湾投资开发有限公司组织了大量人力、物力全面部署推进相关工作。本次海南金海湾投资开发有限公司委托我院开展海口湾南海明珠人工岛三期项目用海风险评估专题研究工作。

6.4.1.2 气象条件

（1）风况

根据海口秀英海洋站1998—2004年的资料统计结果见表6.4-1。秀英站累积年平均风速为3.4m/s;11月、12月平均风速最大,为4.3m/s;次之分别为10月和1月、2月。由此可见,东北季风是影响工程海域风场的主导风。

海口秀英海洋站1998~2004年各月平均风速　　表6.4-1

月份	1	2	3	4	5	6	7	8	9	10	11	12	全年
平均风速（m/s）	3.8	3.8	3.6	3.2	2.9	2.7	2.9	2.7	3.0	3.9	4.3	4.3	3.4

根据海口气象站（110°21′E,20°02′N）1971—2000年的资料和海口秀英海洋站（110°17′E,20°01′N）1998—2004年的资料统计,海口风向受大陆季风影响为主,季风的转换导致风向的季节变化,其变化趋势是冬半年盛行东北风,夏半年盛行东南风。

10月—次年3月,常风向为NE方向,出现频率占18%以上,次常风向为ENE。4月—7月,常风向为SSE方向,出现频率占21%以上,次常风向为SE或S。8月—9月,静风频率出现最高,各风向出现频率相差不大。

海口气象站各月各风向频率见表6.4-2;秀英海洋站各月各风向频率见表6.4-3。

海口气象站1960—1983年各月风向频率（单位:%）　　表6.4-2

风向＼月份	1	2	3	4	5	6	7	8	9	10	11	12	全年
C	15	10	9	8	12	13	11	19	22	18	17	16	14.2
N	5	6	3	2	2	2	2	2	2	4	5	6	3.4
NNE	14	14	10	6	5	4	3	3	7	9	13	14	8.5
NE	30	25	16	10	7	4	5	5	12	18	29	30	15.8
ENE	15	14	11	8	6	3	3	4	9	17	17	17	10.3
E	8	9	9	9	6	4	3	4	11	11	9	7	7.5
ESE	4	5	10	10	6	5	5	6	8	7	3	2	5.9
SE	4	7	12	14	12	10	12	9	6	4	2	2	7.8
SSE	2	6	12	21	21	21	22	12	6	3	0	2	10.7
S	1	2	5	7	13	15	12	10	6	3	1	0	5.8
SSW	0	0	1	4	4	5	4	5	2	1	0	0	2.1

续上表

风向 \ 月份	1	2	3	4	5	6	7	8	9	10	11	12	全年
SW	0	0	0	0	2	3	3	3	2	0	0	0	1.1
WSW	0	0	0	0	1	3	3	4	2	0	0	0	1.1
W	0	0	0	0	1	2	3	4	3	1	0	0	1.2
WNW	0	0	0	1	1	2	3	4	3	1	1	0	1.3
NW	0	0	1	1	2	2	4	4	2	2	1	0	1.6
NNW	2	2	1	1	2	2	2	2	2	2	3	1	2	1.8

海口秀英海洋站 1998—2004 年各月风向频率(单位:%)　　　表 6.4-3

风向 \ 月份	1	2	3	4	5	6	7	8	9	10	11	12	全年
C	3.3	1.2	1.1	0.7	2.5	0.9	0.9	1.6	2.0	1.8	2.1	2.3	1.7
N	9.6	7.3	6.1	7.0	7.4	6.6	6.1	7.1	7.4	5.8	6.3	9.1	7.1
NNE	7.0	6.4	4.2	4.0	3.6	2.6	2.0	2.7	3.1	4.3	6.9	7.7	4.5
NE	21.9	22.6	17	9.7	7.2	4.1	3.8	4.8	10.4	16.7	25.5	26.7	14.2
ENE	14.2	11.2	9.7	5.2	3.4	2.0	2.3	2.5	6.5	11.2	16.8	19.3	8.7
E	20.1	19.1	17.3	12.3	9.7	4.3	3.4	4.4	10.5	22.3	20.4	20.3	13.7
ESE	7.1	13.7	11.4	11.0	9.6	5.8	5.1	4.8	9.2	11.6	8.5	6.9	8.7
SE	11.2	11.5	15.7	18.5	18.9	16.8	17.7	12.9	9.2	11.4	5.9	3.7	12.8
SSE	1.7	2.1	6.3	11.6	11.2	17	16.3	8.9	4.0	2.9	1.9	0.9	7.1
S	1.3	1.2	5.5	10.8	10.6	19.5	15.9	14.0	6.3	2.9	1.6	0.5	7.5
SSW	0.2	0.3	0.3	0.9	1.5	3.0	3.0	3.7	2.2	1.3	0.6	0.4	1.5
SW	0.4	0.5	0.9	2.1	3.6	7.2	7.9	10.5	10.8	2.8	1.7	0.6	4.1
WSW	0.1	0.2	0.2	0.6	1.2	1.6	2.4	3.6	3.1	0.3	0.3	0.3	1.2
W	0.3	0.3	0.7	1.0	2.3	2.7	4.3	5.6	4.8	1.1	0.3	0.3	2.0
WNW	0.1	0.3	0.4	0.4	0.7	0.7	1.1	1.2	1.2	013	0.1	0.1	0.6
NW	0.7	1.1	1.8	1.9	4.1	3.2	5.2	7.4	6.2	2.2	0.9	0.4	2.9
NNW	1.1	0.9	1.2	2.1	2.4	2.1	2.7	3.8	3.1	1.0	0.4	0.4	1.8

海口最大风速一般出现在东北季风期和热带气旋影响期,以 NE 方向风速最大,秀英站年最大风速为 32.4m/s,见表 6.4-4。

海口秀英海洋站 1998—2004 年风速的各月、年极值（单位:m/s）　表 6.4-4

月份\年份	1	2	3	4	5	6	7	8	9	10	11	12	各年极值
1998	13.8	13.7	16.0	17.8	20.7	16.7	16.8	17.1	18.5	25.2	15.8	19.0	25.2
1999	15.4	15.5	14.0	17.2	12.4	14.5	13.1	16.8	15.6	18.8	17.1	17.6	18.8
2000	15.2	13.3	13.4	15.2	20.5	13.7	16.5	19.0	24.1	24.9	14.8	13.84	24.9
2001	15.2	17.0	17.8	15.2	14.2	13.4	21.8	25.2	15.0	14.4	19.7	16.1	25.2
2002	12.9	12.2	11.4	12.0	14.4	13.3	14.9	20.6	17.4	13.8	14.3	14.8	20.6
2003	14.4	11.9	11.4	19.3	11.0	14.4	22.8	32.4	14.8	14.4	15.6	14.6	32.4
2004	12.4	13.5	14.8	14.5	20.4	13.3	17.7	12.5	11.9	13.3	14.7	12.2	20.4
极值	15.4	17.0	17.8	19.3	20.7	16.7	22.8	32.4	24.1	25.2	19.7	19.0	32.4

据海口秀英站 1960—1979 年 20 年实测资料,本区大于或等于 6 级大风平均年日数为 172.2 天,占全年天数的 47.2%。1970 年最多为 204 天,其次 1971 年为 194 天,最少年份也有 141 天;大于或等于 6 级大风月平均日数以 11 月最多,为 20.0 天,其次是 12 月,为 16.9 天,最少的月份也有 9.9 天。

大于或等于 8 级大风日数年平均日数为 15.5 天,占全年天数的 4%。大于或等于 8 级大风以 5 月、7 月—9 月出现较多,平均每月在 2 天以上,7 月最多为 2.3 天;年最多日数为 28 天。各月最多日数,以 5 月—11 月较多,每月可达 4 天以上,9 月最多曾达 8 天。风玫瑰图见图 6.4-1。

南海热带气旋的发源地为南海海域和西北太平洋。10 年间南海共发生 87 次热带风暴强度以上的热带气旋,其中有 66 次是从西北太平洋移入的,占 75.9%。在南海起源的热带气旋包括 3 场台风、18 场热带风暴和 18 场热带低压,强度相对较低;而起源于西北太平洋的强台风有 27 场,起源自南海的强台风仅有两场,说明在西北太平洋移入的对南海海域有较强的影响的台风数量多。热带低压主要起源自南海。台风起源统计结果如图 6.4-2 所示。

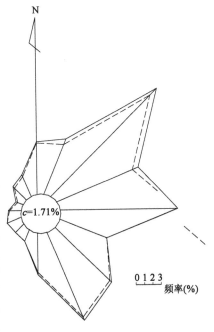

图 6.4-1　风玫瑰图(秀英站,1984 年)

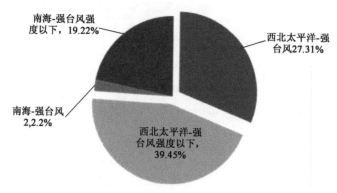

图 6.4-2　发源于南海和西北太平洋的台风数量对比(1996—2015 年)

西北太平洋移入的热带风暴和南海生成的热带风暴起源点纬度分布图如图 6.4-3、图 6.4-4 所示。

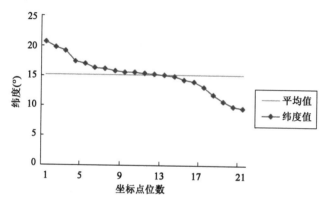

图 6.4-3　南海移入的热带风暴起源点纬度分布图

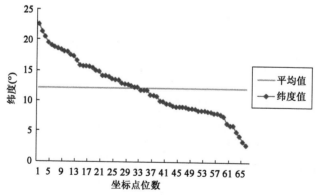

图 6.4-4　西北太平洋移入的热带风暴起源点纬度分布图

110

由图 6.4-3 可以看出,从南海生成的台风起源点纬度分布较为集中,生成纬度范围为 9.6N～20.7N,平均值为 15.1N,位于南海海域中部。且台风生成纬度在平均值上下个数分别为 11 个和 9 个,分布较为均匀。

　　由图 6.4-4 可以看出,与南海生成的台风相对应,从西北太平洋移入的台风起源点纬度分布范围相对较广,个数也较多,范围为 2.8N～22.6N,平均值 12.1N,较南海生成的台风平均纬度偏南约 3°。且由散点的聚集程度可以看出,西北太平洋生成台风纬度大多为 8°N～18°N,起源纬度较大或较小的台风个数少。

　　对台风按强度进行分类统计,影响南海海域的各强度热带气旋数量结果如图 6.4-5 所示。

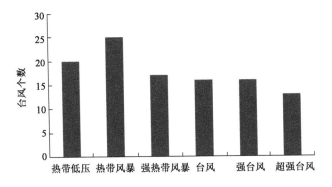

图 6.4-5　南海各强度热带气旋数量(1996—2015 年)

　　由图 6.4-5 可以发现,发现 10 年中在南海共出现 45 次台风,平均每年 4.5 次,其中强台风 16 次,超强台风 13 次,热带风暴 42 次。其中,强台风以上强度的热带气旋占总数的 27.1%,平均每年都会发生 2 场以上的强台风和超强台风。

　　台风强度可用中心气压或最大风速来进行衡量。通过对统计分析可以得出,南海热带气旋风速平均值为 35.69m/s,最大极值风速可达 78m/s(1330 号台风"海燕")。其中在南海生成的热带气旋最大风速为 45m/s(1321 号台风蝴蝶),平均风速为 26.85m/s,而西北太平洋移入的台风在抵达南海后,平均风速为 38.71m/s。以上表明西北太平洋发源的台风强度相对较大,风速较相对高,对南海海域的影响要强于南海起源的台风。

　　南海台风动向统计如表 6.4-5 所示。2006—2015 年南海台风活动的统计结果显示,绝大多数台风动向是登陆,其中热带风暴强度以上的热带气旋登陆 60

场,占总数的 68.9%(共 87 场)。所有登陆的热带气旋中,27 场在我国沿海城市登陆,33 场在越南登陆,还有 27 场台风在移动过程中消失或与其他台风合并。西北太平洋移入的台风登陆我国、登陆越南数量均在 20 场左右;南海生成台风在我国大陆区域登陆 3 场,其余多数登陆于越南,可见南海生成的登陆台风对我国大陆影响较小,对越南沿海城市影响较大。

南海台风动向统计(1996—2015 年)　　　　　　表 6.4-5

动　　向	总　　数	来　　源		年　平　均	百　分　率
登陆我国大陆	27	南海	3	2.7	31.03%
		西北太平洋	24		
登陆越南	33	南海	11	3.3	37.94%
		西北太平洋	22		
消失或合并	27	南海	6	2.7	31.03%
		西北太平洋	21		

影响南海的台风路径比较复杂,按类型可大致分 7 类路径,包括西行(1325 号百合)、西北行(1306 号温比亚)、北行(1308 号西马仑)、东北行(1406 号米娜)、抛物线行(1224 号宝霞)、偏南行(0722 号琵琶)和特殊路径(0725 号海贝思)。

在 10 年里影响南海的 87 场热带风暴强度以上的热带气旋中,西北行和西行的路径最多,分别为 29 个和 28 个,两者占总数的 65.5%;北行的 12 个,东北、偏南行和抛物线行的路径较少,分别为 5 个、4 个和 2 个;特殊台风路径 7 个,比如 0725 号台风海贝思,在西行进入南海后,路径变为东行,移出南海。统计结果如表 6.4-6 所示。

南海台风路径统计(1996—2015 年)　　　　　　表 6.4-6

路　径　类　型		西北太平洋移入		南海生成		总数
名称	定义	个数	百分率(%)	个数	百分率(%)	
西北行	294°~338°	24	27.59	5	5.75	29
西行	225°~293°	24	27.59	4	4.60	28
北行	339°~22°	8	9.20	4	4.60	12
东北行	23°~68°	0	0.00	5	5.75	5
偏南行	136°~225°	4	4.60	0	0.00	4
抛物线行	西北—北—东北	1	1.15	1	1.15	2
特殊路径	其他特殊情况	5	5.75	2	2.30	7

（2）工程区波浪情况概述

工程海域全年以风浪为主，风浪频率为76%～85%，涌浪频率占14%～23%，常浪向为ENE，频率为30.1%，次常浪向为NE，频率为22.9%。波浪出现最少的方向为S～WSW。受季风风向影响，工程海域常浪向随季节风而变化，东北季风期（11月—次年3月），常浪向为ENE，次常浪向为NE，季风转换期（4月—5月，9月—10月）常浪向、次常浪向与东北季风期一样，但常浪向出现频率略低于冬季，次常浪向出现频率略高于冬季；西南季风期（6月—8月）常浪向为NE。拟建三期填岛工程位于海南岛北岸，琼州海峡内，属台风作用活跃区，受台风和大陆季风作用明显，因此评估波浪对工程影响是十分必要的。研究中，综合分析历史台风及季风资料，采用数学模型对风场及波浪场进行模拟，得到工程设计重现期波浪，分析其对工程的影响。

6.4.2　考虑风浪流耦合作用的海浪模拟研究

根据本工程所处海域的水动力特点，工程海区波浪主要表现为风浪特征引起。而该海域主要成风原因有两个，一为季风，二为气旋。因此研究主要通过风场模拟计算波浪场，风场资料需综合考虑季风和台风两种影响。具体研究思路如下：

（1）采用中国气象台公布的台风路径，基于欧洲中长期在南海海域的后报风场资料，选取每年影响工程海区的台风及季风过程，对风场进行分析。

（2）根据多年风场数据，采用SWAN模式建立大区域波浪计算模型，得到每年工程区附近外海深水区的年波浪极值，进而采用Pearson Ⅲ型曲线适线法推算不同重现期波要素。

（3）根据外海不同重现期波浪条件，在自然地形条件下即工程建设前，利用SWAN模式建立小区域波浪计算模型，推算工程区设计波浪条件。

模型计算范围和网格如图6.4-6所示，模型水深如图6.4-7所示，大区域模型采用三角形网格，共有74306个单元，工程位置距离外海边界约为700km，最大网格单元尺寸为外海边界处为16km，工程位置处网格单元尺寸最小为80m。嵌套模型共有44312个单元，最大网格单元尺寸为外海边界处为900m，工程位置处网格单元尺寸最小为13m。

6.4.2.1　模型的验证

项目研究采用中国气象局CMA（China Meteorological Administration）提供的台风路径数据，该数据包含了台风中心经纬值、中心最大风速值（2min平均最大风速)、中心气压等要素,从中提取了台风启德与台风飞燕的路径信息,利用建立的非对称台风参数模型计算工程海域台风过程。

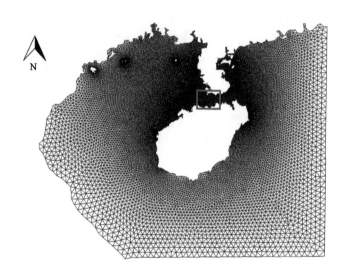

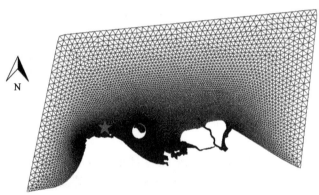

图 6.4-6　工程外海波浪模型网格

　　台风的验证点为琼州海峡西侧南岸 WND1 点。风速验证过程分别如图 6.4-8、图 6.4-9 所示。从这些图中可以看出,台风模拟样本的风速计算值与实测值趋势性对比符合较好。

　　首先,利用 2012 年 8 月启德台风期间测得的琼州海峡内(WA1)测波的有效波高,与 SWAN 模型的计算结果进行对比分析,时间序列是 20120815_06—20120818_00 的 67h,如图 6.4-10 所示。模型计算值与实测值序列的相关系数为 0.95,均方根误差为 0.29m。从有效波高对比分析看,模型值与实测值拟合较好。

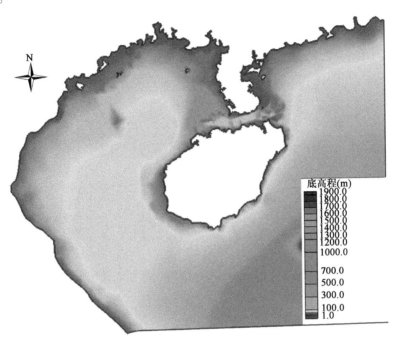

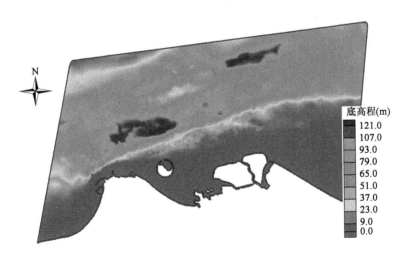

图 6.4-7　工程波浪模型计算地形图

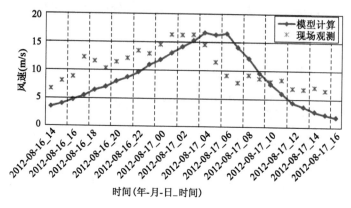

图 6.4-8　1213 号台风"启德"风速验证结果

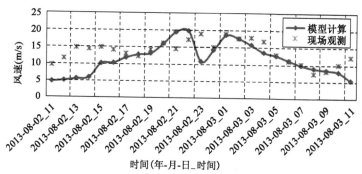

图 6.4-9　1309 号台风"飞燕"风速验证结果

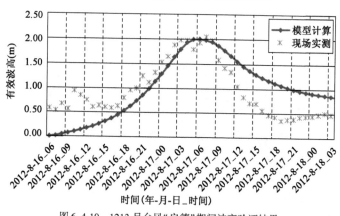

图 6.4-10　1213 号台风"启德"期间波高验证结果

　　再次,计算 2013 年 8 月飞燕台风期间测得的南通航孔的有效波高,与 SWAN 模型的计算结果进行对比分析,时间序列是 20130802_00—20130803_

11 时的 36h,如图 6.4-11 所示,计算序列与模型模拟序列的相关系数为 0.66,计算模型模拟最大有效波高 3.74m,实测最大有效波高为 3.72m,极值大小符合较好。

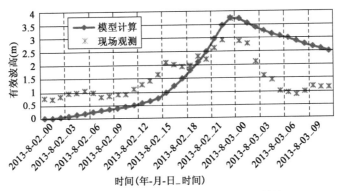

图 6.4-11　1309 号台风"飞燕"期间波高验证结果

6.4.2.2　海浪模拟成果

根据工程海区最近 30 年(1986—2015 年)的台风和季风资料,通过台风场模型和季风场数据分析计算工程海区大风过程,进而采用大范围风浪模型计算工程海区风浪场,从中选取主要计算浪向 ENE、NE、NNE、N、NNW 与 NW 向的波浪年极值,分析工程外海深水区不同重现期波浪。工程区外海重现期计算点 P 的水深 −73m,具体位置见图 6.4-12;工程外海深水区主要计算方向波浪年极值

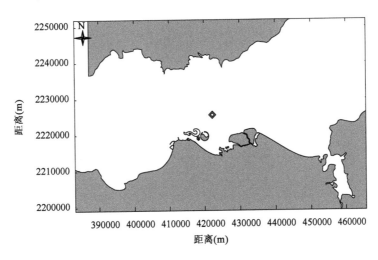

图 6.4-12　外海测点位置示意图

及重现期波浪结果见表6.4-7和表6.4-8。1522号风与1117号台风过境琼州海峡时波高分布图见图6.4-13。工程外海处重现期100年有效波高为7.14m，重现期50年有效波高为6.8m。工程区外不同重现期有效波高见表6.4-8。

1986—2015年有效波高年极值结果（单位：m）   表6.4-7

方向 年份(年)	ENE	NE	NNE	N	NNW	NW
1986	5.66	4.62	5.00	1.66	1.43	1.29
1987	3.52	2.98	3.76	1.73	3.45	2.07
1988	4.80	3.93	5.44	1.61	1.70	1.29
1989	5.33	5.16	4.74	2.16	2.87	3.37
1990	6.12	5.51	3.51	1.70	2.02	1.74
1991	5.29	4.89	3.13	2.05	1.74	1.69
1992	5.91	4.85	4.08	2.66	4.00	3.37
1993	2.80	3.33	4.04	2.08	2.12	1.47
1994	3.53	3.38	3.98	2.42	2.13	2.89
1995	3.30	4.05	3.95	1.57	2.97	2.16
1996	4.63	4.46	3.51	2.00	3.32	3.64
1997	2.89	3.67	3.69	2.43	1.15	1.67
1998	3.40	4.17	4.64	1.83	1.29	1.64
1999	3.65	4.24	4.43	1.58	1.14	1.46
2000	3.16	3.08	3.35	2.05	1.50	2.21
2001	3.00	3.92	3.77	2.80	1.65	1.57
2002	3.40	3.84	4.03	1.88	1.91	2.44
2003	3.44	3.47	4.03	2.73	2.63	3.83
2004	2.21	3.41	3.33	1.56	1.70	1.31
2005	5.98	3.92	4.65	1.49	3.18	3.32
2006	3.54	3.66	5.04	1.67	1.62	1.54
2007	3.94	3.88	3.46	1.67	1.80	3.52

续上表

方向 / 年份(年)	ENE	NE	NNE	N	NNW	NW
2008	3.24	3.52	3.74	2.17	1.01	1.38
2009	3.46	4.65	5.00	1.26	1.87	1.26
2010	3.46	3.24	3.65	1.71	2.78	2.93
2011	4.14	3.50	5.03	1.31	2.58	3.84
2012	4.48	3.25	3.51	2.93	1.00	1.49
2013	4.70	3.87	3.58	3.37	2.15	2.56
2014	3.75	4.05	5.76	3.02	1.75	3.51
2015	3.32	3.24	3.32	2.82	1.47	1.72

工程区外不同重现期有效波高结果(单位:m)　　　　表 6.4-8

方向 / 重现期	ENE	NE	NNE	N	NNW	NW
200a	7.58	6.30	6.03	4.07	4.76	5.26
100a	7.14	6.02	5.78	3.82	4.42	4.88
50a	6.80	5.53	5.52	3.53	4.07	4.48
25a	6.20	5.28	5.23	3.07	3.70	4.07
10a	5.51	4.92	4.82	2.89	3.17	3.48
5a	4.90	4.52	4.45	2.55	2.71	2.97
2a	3.90	3.82	3.80	1.99	1.97	2.15

　　计算时考虑自然地形条件下工程区域的波浪分布,即不考虑人工岛的建设及航道港池的开挖。采用 SWAN 模型对工程区的波浪分布情况进行计算分析。计算方向为 ENE、NE、NNE、N、NNW 与 NW 向。两个方案计算点设置如图 6.4-14、图 6.4-15 所示,计算点的底高程如表 6.4-9 所示。计算的水位为 100年一遇水位、设计高水位与设计低水位,100 年一遇高水位计算结果如表 6.4-10所示。波浪破碎指标为合田良实破碎公式,其中破碎下限按照《港口与航道水文规范》(JTS 145—2015)进行控制。

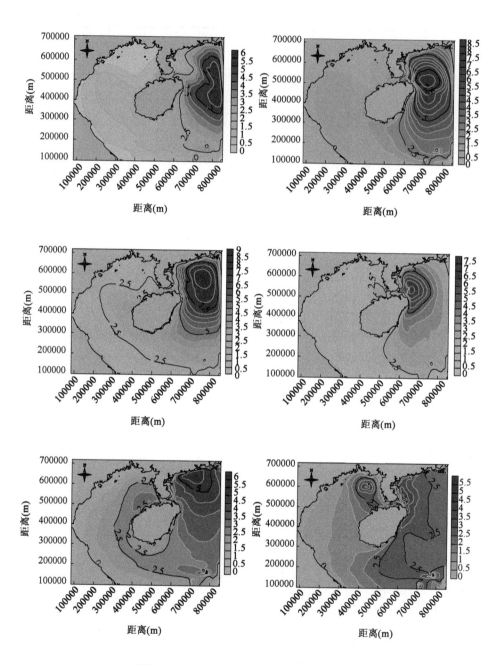

图 6.4-13 1522 号与 1117 号台风工程作用过程

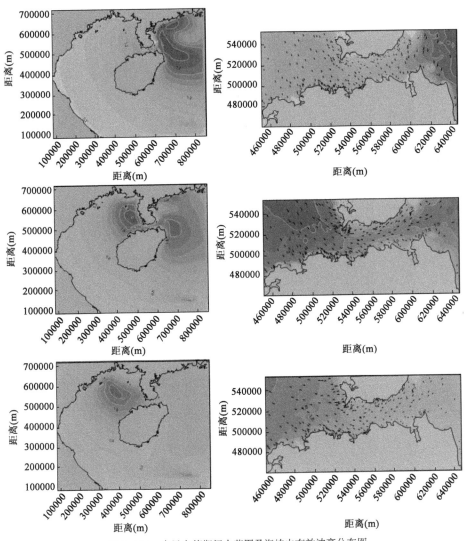

图 6.4-14　台风启德期间大范围及海峡内有效波高分布图

工程区外不同重现期有效周期结果(单位:s)　　　　　表 6.4-9

重现期 \ 方向	ENE	NE	NNE	N	NNW	NW
200a	10.86	11.79	10.64	8.82	9.52	9.99
100a	10.63	11.48	10.44	8.55	9.19	9.64
50a	10.22	11.24	10.22	8.21	8.82	9.25
25a	10.38	10.78	9.96	7.64	8.41	8.82

121

续上表

方向\重现期	ENE	NE	NNE	N	NNW	NW
10a	9.68	10.21	9.58	7.41	7.77	8.15
5a	9.29	9.66	9.22	6.93	7.16	7.51
2a	8.55	8.64	8.53	6.04	6.01	6.31

图 6.4-15　计算测点分布图

计算测点底高程   表 6.4-10

方　案	计　算　点	底高程(m)
	1 号	−28.1
	2 号	−28.2
	3 号	−11.3
	4 号	−10.8
	5 号	−14.1
方案一	6 号	−14.7
	7 号	−12.3
	8 号	−25.7
	9 号	−22.7
	10 号	−14.8
	11 号	−11.8

　　根据计算结果,方案一 100 年一遇高水位条件下,重现期 100 年 ENE 最大有效波高为 2 号点处 6.77m,NE 向最大有效波高为 2 号点处 5.85m,NNE 向最大有效波高为 2 号点处 5.53m,N 向最大有效波高为 2 号点处 3.85m,NNW 向最大有效波高为 2 号点处 4.45m,NW 向最大有效波高为 2 号点处 4.96m。

7　研究成果总结

（1）全球水动力要素分析系统的建立

利用全球长期有效序列的海浪数据建立多要素海洋数据统计分析系统，可以快速分析深水海域的海洋多要素条件包括风、浪、流、温、盐。充分利用目前再分析气象、海浪、潮流及温盐数据，卫星高度计资料及全球浮标实测数据（短期），采用海洋数据统计方法（P-III适线法，极值I型及weibull分布）统计全球海浪年极值条件，不同重现期条件及时间序列过程曲线等。基于上述系统，对全球海域台风特征及海上丝路涉及的两洋—海海洋特征进行了基本规律研究。

（2）改进非对称性台风场理论方程，考虑背景风场建立大尺度高精度的风场驱动场

本项目对于台风风场的确定，在已知的台风路径和台风要素的基础上，利用经验公式或理论模型分别对静止旋转风场和移行风场进行独立计算，再将计算结果矢量叠加得到完整的台风分布信息。在一个完整构建的台风参数模型中，包含气压分布模型、环流风速模型和移行风速模型的合理组合。其中最大风速半径 R 的选取直接影响到风场的尺度和风速（气压）的分布，亦即影响到风场的真实性。引入了环境气压与台风中心气压的压差修正系数确定最大风速半径，本书理论模型模拟采用的压差修正系数 α 为 0.75 ~ 0.85。采用了边界相近识别方法及均匀插值方式最终实现非对称联合风场。

（3）风浪流耦合作用下海浪数值模拟技术

中国渤海湾温带风暴潮，中国南海台风风暴潮，尤其孟加拉湾台风风暴潮及墨西哥湾台风风暴潮是世界海区较为严重的区域。发展风浪流耦合数值模拟技术，综合考虑潮流对海浪及海浪对于流的相互作用，可以为近岸涉海工程防灾减灾提供基础科学依据。通过研究发现，不同区域浪流影响不同，渤海湾区域风暴潮过程对海浪浪高大约有 0.5m 的影响，中国南海海域琼州海峡内，水深条件较好，潮流对海浪的影响较小。孟加拉湾海域地形变化较为剧烈，洋流影响明显，流速较大，需单独进行课题进一步研究确定。

此外，针对近岸工程不同的海域海岸地形特征采用不同的参数化方案，一般以工程经验—数据储备—模型计算三种手段综合确定深水海浪要素，研究近岸

海浪传播变形衰减规律,为工程提供可靠的设计波浪要素。针对印度洋涌浪问题,采用波高周期的联合概率分布分析方法,针对不同方向确定海域的涌浪周期。

(4)全球范围内的工程应用

本项目发展了全球海洋水动力查询系统、重构了非对称性台风风场模型并引入背景台风场、基于海浪模式、风暴潮模式及风场模式发展了风浪流耦合作用的海浪数值模拟技术。目前已应用到全球几十项工程研究中,其中包含孟加拉吉大港附近多项电厂工程、斯里兰卡科伦坡海港城项目、巴基斯坦瓜达尔军港项目、印尼芝拉扎及 ADIPALA 电厂、马来西亚登嘉楼防波堤项目、中美安提瓜巴布达圣约翰港、南美巴拿马等,共涉及 20 多个国家。

参 考 文 献

［1］ Xu Yanan. A numerical model for the temperate storm surge in Bohai Bay of China. Proceedings of the International offshore and Polar Engineering Conference. 2015：1150-1153, EI-ISSN：15551792.

［2］ T Okazaki. T Ishihara Et Al. Development Of Typhoon Simulation Model In Consideration Of Surface Roughness And Terrain, National Symposium On Wind Engineering［J］. 2006, 19.

［3］ YananX, FengG, et al. Wave analysis for westCoast of South Myanmar. Proceeding of the 2015 international conference on energy, material and manufacturing engineering. 2015：04012,1-7.

［4］ Snyder, R. L. and C. S. Cox. A Field Study of the Wind Generation of Ocean Waves, J. Mar. Res. , 1966：24, p141.

［5］ Snyder, R. L.. A field study of wave-induced pressure fluctuation above surface gravity waves. J. Mar. Res. , 1974：32, 497-531.

［6］ Sverdrup,H. U. andW. H. Munk. Wind, sea,andswell：theoryof relations for forecasting. U. S. Navy Hydrographic Office Report 601, 1947：p50.

［7］ SWAMP Group. Ocean Wave Modeling. Plenum Press,New York, 1985：256pp.

［8］ The SWAN team, SWAN Cycle III version 40. 51 user manual. DelftUniversity of Technology. 2006：137pp.

［9］ U. S. Army Coastal EngineeringResearchCenter, 2002. Coastal Engineering Manual, EM1110-2-1100.

［10］ Phillips, O. M. , Spectraland statistical properties of the equilibrium range in wind-generated gravity waves. J. Fluid Mech. , 1985：156, 505-531.

［11］ 袁金南,刘春霞.轴对称模型台风的改进方案及其对0425号台风数值模拟的效果［J］.热带气象学报,2007, 23(03):237-245.

［12］ 邓国,周玉淑,李建通.台风数值模拟中边界层方案的敏感性试验 I.对台风结构的影响［J］.大气科学,2005, 29(03):417-428.

［13］ 张余得,商少平,等,基于强风圈半径的台风风场模型［J］.厦门大学学报(自然科学版),2014,53(02):253-256.

［14］ 魏泽勋,徐腾飞.南海及周边海域风浪流耦合同化精细化数值预报与信息服务系统简介［J］.海洋技术学报,2015,34(3):86-89.

[15] 文圣常,余宙文.海浪理论与计算原理[M].北京:科学出版社,1984:662.

[16] 庄晓宵,林一骅.全球海洋要素季节变化研究[J].2014,38(2):251-260.

[17] 吴克俭,杨忠良,刘斌,等.2008:海浪对Ekman层的能量输入[J].中国科学(D辑),2008:134-140.

[18] 程永存,徐青,刘玉光,等.T/P,Jason-1测量风速及有效波高的验证与比较[J].大地测量与地球动力学,28,2008:117-122.

[19] 徐亚男,高峰.缅甸土瓦海域的海浪模拟与分析[J].水道港口,2015:36(6):523-527.

[20] 徐亚男,冯建国.斯里兰卡科伦坡临近海域波浪数值模拟[J].水道港口,2014:35(4):312-316.

[21] 张学宏.西北太平洋海浪数值预报业务化[D].中国海洋大学,2015:74-78.

[22] 于振涛,陈锐.JASON-1与TOPEX/POSEIDON卫星高度计数据在中国海和西北太平洋的一致性分析及印证[J].中国海洋大学学报(自然科学版),2006,36:189-196.

[23] 张志旭,齐义泉,施平,等.最优化插值同化方法在预报南海台风浪中的应用[J].热带海洋学报,2003:22,35-41.

[24] 管长龙.2000:我国海浪理论及预报研究的回顾与展望[J].青岛海洋大学学报,30:549-556.

[25] 徐德伦,于定勇.随机海浪理论[M].北京:高等教育出版社,2001:390.

[26] 薛惠芬,苗春葆.全球浮标及观测资料状况分析[J].海洋技术,2005,24(4):23-28.

[27] 邝芳芳,张友权.三种海面风场资料在台湾海峡的比较与评估[J].海洋学报,2015:37(5):44-52.

[28] 陈上及,马继瑞.海洋数据处理分析方法及其应用[M].北京:航空工业出版社,1991.

[29] LI Da-ming , XU Ya-nan. Study of Tracking Methods in Free Surface and Simulation of a Liquid Droplet Impacting on a Solid Surface Based on SPH . Journal of Hydrodynamics, Ser. B, 2011, 23(4): 447-456.

[30] 陈汉宝,刘海源,徐亚男.风浪与涌浪相互影响的实验[J].天津大学学报[天津大学学报(自然科学与工程技术版)],2013(12):1122-1126.

[31] 陈汉宝,徐海珏,白玉川.振荡流底层拟序结构运动理论模式[J].天津大学学报[天津大学学报(自然科学与工程技术版)],2014(3):267-275.

[32] 李大鸣,徐亚男. 渤海湾温带风暴潮数值预报模型的研究[J].天津大学学报2011,23(4):447-456(EI:20114214445851).

[33] 耿宝磊,高峰,孙精石. 防波堤表面植被对越浪的影响[J]. 中国港湾建设,2014(7):27-33.

[34] 耿宝磊,文先华. 台风作用下琼州海峡海域波浪特征分析[J]. 海洋工程,2013,31(6):59-67.

[35] 耿宝磊,高峰,王元战. 大连普湾新区海湾整治工程泥沙基本水力特性试验研究[J].泥沙研究,2013(2):60-66.

[36] 耿宝磊,滕彬,宁德志. 大尺度结构物附近小尺度杆件上波浪力的时域分析[J]. 大连海事大学学报,2009,35(3):5-8.

[37] 陈汉宝,张先武,高峰.印度尼西亚 ADIPALA 海岸水文与泥沙条件分析[J].水道港口,2013,34(5).

[38] 李大鸣,刘江川,徐亚男. SPH 方法在大坝表孔泄流数值模拟中的应用研究[J]. 水科学进展,2008,19(6):841-845.

[39] 李大鸣,林毅,徐亚男,等. 河道、滞洪区洪水演进数学模型[J]. 天津大学学报, 2009,42(1):47-55.

[40] 李大鸣,范玉,徐亚男. 风暴潮三维数值计算模式的研究及在渤海湾的应用[J].海洋科学,2012,36(7):7-13.

[41] 徐亚男,冯建国. 斯里兰卡科伦坡临近海域波浪数值模拟[J].水道港口,2014(4):312-316.

[42] 徐亚男,高峰. 缅甸土瓦海域的海浪模拟与分析[J].水道港口,2015,36(6):523-527.

[43] 耿宝磊,李新慧,高峰. 中利石化5万吨级化工码头工程码头面高程确定的试验研究[J].水道港口, 2013,34(4):297-303.

[44] 陈汉宝,陈松贵,周加杰. 斜坡堤在涌浪作用下的越浪量试验研究[J].港工技术, 2015(5):22-25.

[45] 张慈珩,陈汉宝,耿宝磊. STEM 波作用下斜坡式结构护面块体稳定性的物理模型研究[J].水道港口, 2013, 34(6):488-492.

[46] GENG B, Zhao M. A three-dimensional Arbitrary Lagrangian-Eulerian Petrov-Galerkin finite element model for fully nonlinear free-surface waves[J], Ocean Engineering, 2014,91:389-398.

[47] Chen SG, Zhang CH, Feng YT. Three-dimensional simulations of Bingham plastic flows with the multiple-relaxation-time lattice Boltzmann model[J]. Si-

cence China, 2014,57(3):532-540.(SCI 检索).

[48] 栾英妮,张慈珩,刘针.海南龙栖湾岸滩整治工程波浪数学模型研究[J].水道港口,2015:36(6):510-514.

[49] 高峰,雷华,刘海成.涌浪作用下砂质海岸建港条件关键技术研究[J].港工技术,2015(5):15-21.

[50] BL Geng ,CH Zhang, YF Cao. A Laboratory Study on the Wave Distribution around Breakwater [J]. Applied Mechanics & Materials, 2012, 170-173:2312-2315.

[51] 刘海成,王赟江,张亮.港内波能集中及治理措施试验研究[J].水道港口,2010:31(5):421-424.

[52] BL Geng, X Zheng. Time Domain Simulation of Wave Action with Three Cylinders[J]. Applied Mechanics & Materials, 2013,353-356:2741-2745(EI 检索).

[53] 陈汉宝,张亚敬海底埋管的上浮风险[J].水运工程,2014(9):23-27.

[54] 陈汉宝,戈龙仔,王美茹.双联块体稳定性试验研究及参数测定[J].水运工程,2013(6):20-23.